Statistik für alle

Walter Krämer

Statistik für alle

Die 101 wichtigsten Begriffe anschaulich erklärt

Prof. Dr. Walter Krämer
Institut für Wirtschaftschafts-
und Sozialstatistik
Technische Universität Dortmund
Dortmund, Deutschland

ISBN 978-3-662-45030-7   ISBN 978-3-662-45031-4 (eBook)
DOI 10.1007/978-3-662-45031-4

Die Deutsche Nationalbibliothek verzeichnet diese Publikation in der Deutschen Nationalbibliografie; detaillierte bibliografische Daten sind im Internet über http://dnb.d-nb.de abrufbar.

Springer Spektrum
Das Buch basiert auf dem Titel „Statistik für die Westentasche", der 2002 bei Piper Verlag GmbH, München erschien.

Gedruckt auf säurefreiem und chlorfrei gebleichtem Papier.

Springer-Verlag GmbH Berlin Heidelberg ist Teil der Fachverlagsgruppe Springer Science+Business Media
(www.springer.com)

Vorwort

Mit der Statistik ist es wie mit der städtischen Müllabfuhr: Ihre Bedeutung für unser Sozialwesen ist umgekehrt proportional zu der Anerkennung, die sie in den Medien und in der internen Wertehierarchie der meisten Menschen erfährt. Daran habe ich mich gewöhnt. Ich bin seit 30 Jahren Professor für Statistik und schalte automatisch ab, wenn es wieder im Sportfernsehen heißt: „Wie oft hat eigentlich Bayern München gegen den BVB verloren? Fragen wir mal unseren Statistiker!" So als wäre das etwas für Leute, die gerade mal Eins und Eins zusammenzählen, aber sonst nicht viel zustande bringen können.

In Wahrheit ist natürlich Statistik das faszinierendste Thema, das es für einen an Wahrheit und nicht an Wünschen interessierten Menschen gibt. Um hier auf intelligente Weise mitzureden, braucht man weder das Abitur noch eine spezielle mathematische Begabung, der gute Wille reicht. Allerdings ist es nützlich, die wichtigsten Begriffe zu kennen, um nicht immer wieder auf die Schwulstrhetorik der Datenmanipulateure hereinzufallen. Speziell der Signifikanztest-Unfug wird immer wieder gern genutzt, um blauäugige Zeitgenossen hinters Licht zu führen. Als Gegenmittel gibt es dieses Taschenwörterbuch. Es ist eine im Umfang mehr als verdoppelte, aktualisierte und nochmals auf hoffentlich leserfreundliche Art und Weise umgeschriebene Fassung meines kleinen Lexikons „Statistik für die Westentasche", das vor 15 Jahren im Piper-Verlag in München erschienen ist. Insbesondere habe ich allen unnötigen Fachjargon entfernt und auch Themen aufgenommen, die mir seinerzeit noch fremd gewesen, aber inzwischen ins Zentrum der öffentlichen Aufmerksamkeit gewandert sind. Wer hätte etwa damals ahnen können, wie wichtig es heute für ganze Länder ist, von der Rating-Agentur Moody's ein Aaa zu erhalten, oder dass man inzwischen keine Kreditkarte mehr bekommt, ohne vorher Objekt einer Scorekarten-Evaluation zu sein? Daran sehen wir auch schon: Statistik betrifft die große Politik und die kleinen Sparer und Konsumenten gleichermaßen. Und in dem Umfang, wie wir alle unsere digitalen Fingerabdrücke im weltweiten Netz hinterlassen, werden auch die unter uns, die nicht an Gott glauben, zumindest als statistische Einheiten bis zum Ende aller Tage weiterleben. Allein schon deshalb ist es nützlich, wenn man weiß, um was es dabei geht.

Dortmund, im Herbst 2014   Walter Krämer

Danksagung

Wie bei allen meinen Statistikbüchern waren mir auch diesmal meine Mitarbeiter an der Fakultät Statistik der TU Dortmund eine große Hilfe. Kira Ahlhorn und Étienne Theising haben mir bei der Datenrecherche und bei der Herstellung von Schaubildern viel Arbeit abgenommen, Carmen van Meegen, Robert Löser und Simon Neumärker haben ebenfalls viele Tabellen und Quellen recherchiert, Eva Brune hat zahlreiche Verbesserungen von Verständlichkeit und Stil sowie eigene Textvorschläge eingebracht, Maarten van Kampen, Matthias Arnold, Marianthi Neblik und Katharina Pape haben beim Korrekturlesen geholfen, und Sebastian Voß hat einige eher mathematische Passagen kontrolliert (und dabei auch den einen oder anderen Fehler aufgedeckt). Auch Clemens Heine vom Springer-Verlag hat durch seine Korrekturvorschläge die Lesbarkeit verbessert. Und als weitere Korrekturleser und Rechercheure waren wie bei allen meinen Büchern auch diesmal wieder Denis und Eva Krämer unterwegs. Ich danke allen Helfern für die großzügige Unterstützung schließe mit der durchaus ernstgemeinten Standardfloskel, dass verbleibende Fehler und Unklarheiten allein dem Autor anzulasten sind.

Inhaltsverzeichnis

Statistik für alle

Achsenmanipulation

Fast alle Datengrafiken haben mindestens eine Achse. Darauf sind die möglichen Werte der jeweils interessierenden Variablen abgetragen. Ein Beispiel ist die folgende Grafik der Kriminalitätsentwicklung in Berlin. Hier ist auf der – hier nur gedachten – senkrechten Achse die Anzahl der jährlich erfassten Delikte pro 100.000 potentielle Täter abgetragen. Und wie wir sehen, nimmt die sehr stark zu.

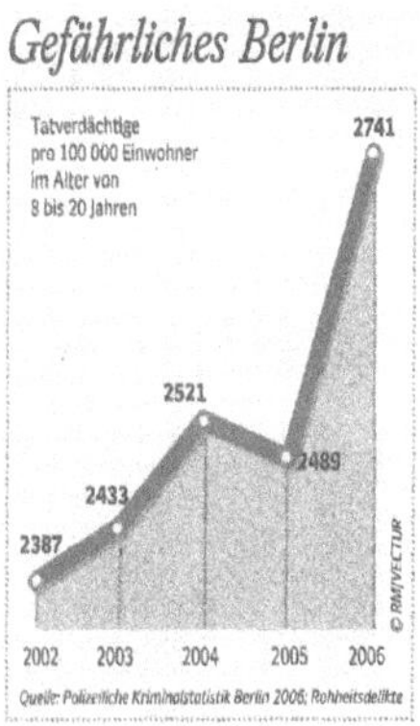

W. Krämer, *Statistik für alle*, DOI 10.1007/978-3-662-45031-4_1,
© Springer-Verlag Berlin Heidelberg 2015

In Wahrheit nehmen die Delikte aber nur sehr wenig zu. Der falsche Eindruck eines starken Anstiegs ist eine optische Täuschung, hervorgerufen durch das Abschneiden der senkrechten Achse bei 2200. Würde die bei Null beginnen, wie es sich gehört, käme eine Grafik wie die folgende heraus:

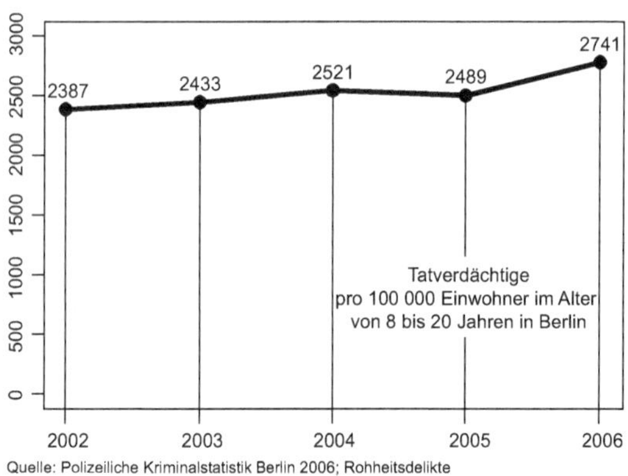

Quelle: Polizeiliche Kriminalstatistik Berlin 2006; Rohheitsdelikte

Auch bei Säulendiagrammen ist dieses Abschneiden der senkrechten Achse beliebt. Die folgende Grafik suggeriert starke Schwankungen, verbunden mit einem steilen Anstieg, der deutschen Akademikerarbeitslosigkeit. In Wahrheit sind sowohl die Schwankungen wie der Anstieg minimal. Auch hier kommt der falsche erste Eindruck nur so zustande, dass die langen Beine der Säulen nicht zu sehen sind.

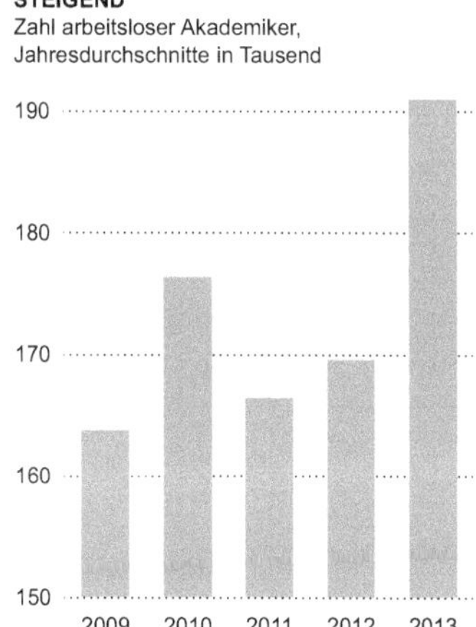

Fortgeschrittene Achsenmanipulateure verbiegen auch die waagerechte Achse. Angenommen, eine Variable entwickelt sich über die Zeit wie folgt:

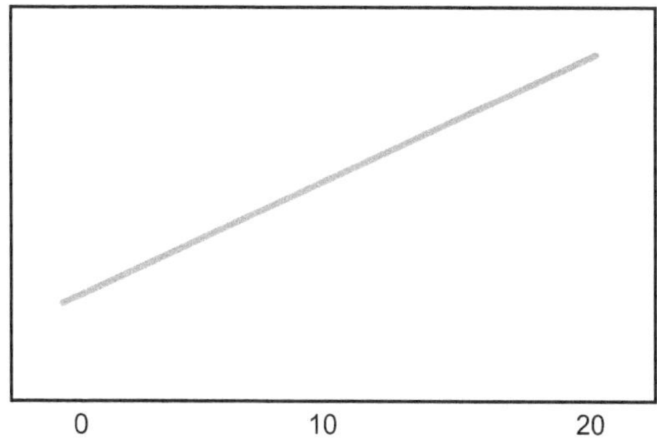

Jede Periode geht es gleichmäßig bergauf. Angenommen, die Variable steht für etwas Angenehmes, etwa das Volkseinkommen, und in Periode 10 wechselt die Regierung. Vorher die anderen, danach wir. Wie stellen wir diese Entwicklung in ein für uns günstigeres Licht?

Nichts einfacher als das: der Achsenabschnitt von 10 bis 20 wird gestaucht, der von 0 bis 10 gedehnt:

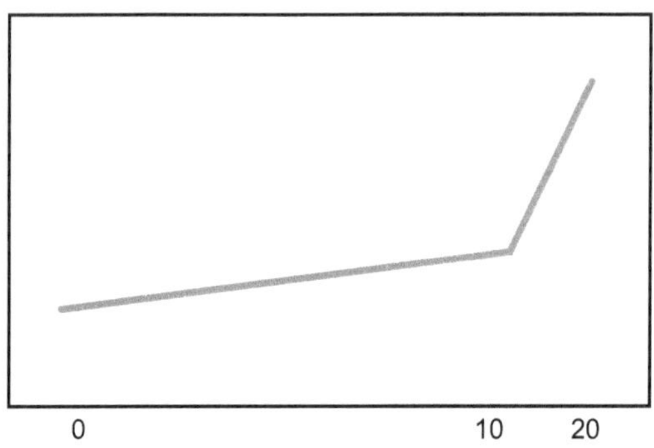

Oder die Variable ist etwas, das man ungern wachsen sieht, etwa das Preisniveau. Auch da stellen wir uns in ein günstigeres Licht. Jetzt wird der Achsenabschnitt von 0 bis 10 gestaucht und der von 10 bis 20 gedehnt. Dergleichen Achsenmanipulationen erfordern schon eine gewisse kriminelle Energie und kommen deshalb eher selten vor.

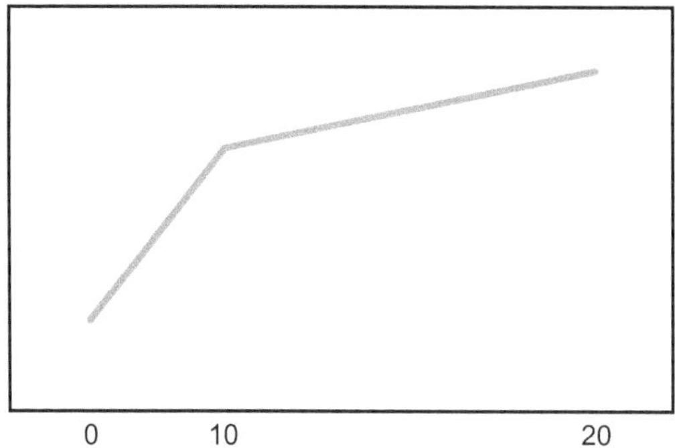

Adäquationsproblem

Mit Adäquationsproblem ist gemeint, dass es in vielen Anwendungen der Statistik alles andere als offensichtlich ist, wie zentrale Begriffe wie Armut, Krankheit oder Kriminalität zu messen sind. Je nachdem, wie man diese Tatbestände definiert, sind mal mehr und mal weniger Menschen arm, kriminell, krank oder arbeitslos. Fast alle diese Themen kommen in eigenen Stichwortartikeln später nochmals vor.

Sehen wir uns hier einmal an, wie viele Analphabeten es in Deutschland gibt. Laut der Hamburger *Zeit* sind es 7,5 Millionen („7,5 Millionen Deutsche sind Analphabeten", Zeit Online vom 2. März 2011). Liest man aber weiter, so wird deutlich, dass dies sogenannte „funktionale Analphabeten" sind, also Menschen, die zwar einzelne Sätze, aber keine zusammenhängenden Texte lesen und schreiben können. Also nicht das, was man normalerweise unter Analphabeten versteht. Und nochmal etwas anders ist die Legasthenie, d. h. eine möglicherweise genetisch verursachte Leser und Rechtschreibschwäche, wie sie selbst bei sonst hochintelligenten Menschen vorkommt.

Nicht notwendig ein Zeichen mangelnder Intelligenz

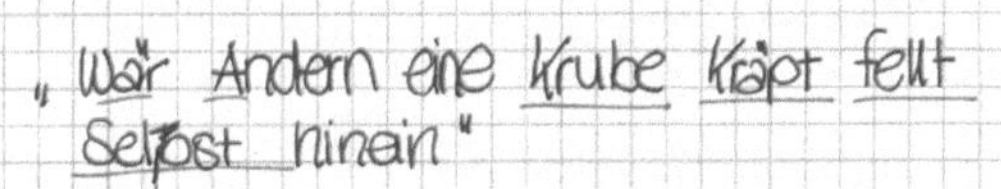

Zu Kaiser Wilhelms Zeiten machte man sich das Leben einfacher; ein Rekrut (bei Frauen hat man sich derartige Statistiken erspart) galt als Analphabet, wenn er bei der Unterschrift ein Kreuz statt Namen hinterließ. So gesehen ist es also überhaupt kein Wunder, dass die Zahl der Analphabeten seit dieser Zeit in Deutschland zugenommen hat.

Aktienkurse

Aktienkurse schwanken von Tag zu Tag, von Minute zu Minute, von Sekunde zu Sekunde. Den einen raubt das den Schlaf, den anderen füllt es den Geldbeutel.

Warum und wie die Aktienkurse schwanken, ist Gegenstand von heftigen Debatten. „Weil die Börsianer nicht wissen, was sie wollen", sagen die einen. „Weil sie nur zu gut wissen, was sie wollen," sagen die anderen.

Die anderen haben Recht. Ein richtiger, „gerechter" Aktienkurs ist der Barwert aller künftigen Erträge. Barwert heißt: künftige Erträge werden abgezinst. Wenn ich heute in einem Jahr 100 € habe, so ist mir das heute nur – sagen wir – 98 € wert. Diese Erträge – vor allem Dividenden, aber auch Bezugsrechte und andere Ansprüche, die Aktionäre an ihre Gesellschaft haben – sind heute allenfalls in Ansätzen bekannt. Wer heute eine VW-, BASF- oder Daimler-Aktie besitzt, kann ohne allzu großes Zittern darauf hoffen, im nächsten Jahr rund einen Euro Dividende zu erhalten. Auch noch im übernächsten Jahr. Aber dann wird die Sache zusehends riskanter. Wer weiß, wie die Nachfrage nach den Produkten unserer Firma in 5 oder 6 Jahren aussieht? Und was in 30 oder 40 Jahren geschieht, das weiß der Liebe Gott allein.

Deshalb kann man nicht mit sicheren Erträgen rechnen. Stattdessen nimmt man die *erwarteten* Erträge. In einem effizienten Kapitalmarkt fließen in diese Erwartungen alle Informationen ein, die es aktuell zu einer Firma gibt: Ölpreise, Dollarkurs, Diskontsatz usw. – alles, was den „gerechten" Wert einer Aktie berühren könnte, ist schon im aktuellen Preis enthalten.

Falls nicht, könnten kluge Leute durch das Ausnützen von Unter- oder Überbewertungen schnell zu Milliardären werden. Und an der Börse gibt es viele kluge Leute. Indem diese bei einer Unterbewertung kaufen, treiben sie den Kurs nach oben. Indem diese bei einer Überbewertung verkaufen, treiben sie den Kurs nach unten. Damit sorgen sie dafür, dass mögliche Fehlbewertungen schnell verschwinden.

„Korrekte" Aktienkurse können sich damit nur ändern, wenn etwas Unerwartetes geschieht. Unerwartete Ereignisse haben aber die Eigenschaft, recht zufällig und chaotisch aufzutreten – sonst wären sie nicht unerwartet. Damit sind aber auch die Änderungen in den Aktienkursen unerwartet, zufällig und chaotisch. Nicht, weil an der Börse wild gewürfelt würde. Sondern weil das wahre Leben würfelt, weil nur aktuell noch nicht bekannte Dinge die aktuellen Kurse ändern können.

Aktienkurse folgen also einen sogenannten „Random Walk": Das ist eine Folge von Zufallszahlen, bei der man – grob gesprochen – nicht weiß, ob es beim nächsten Mal nach oben oder nach unten geht. Und das ist in einem korrekt bewerteten Aktienmarkt der Fall. Vom aktuellen Wert geht es nach oben oder nach unten, beides mit Wahrscheinlichkeit 1/2. Welcher dieser Fälle eintritt, weiß man heute nicht (denn wenn man es wüsste, wäre der aktuelle Kurs schon angepasst). Wenn es also heute nach oben geht, kann es morgen mit der gleichen Wahrscheinlichkeit weiter nach oben, aber auch nach unten gehen.

Die folgende Grafik zeigt dieses Verhalten am Beispiel des Aktienkurses von BMW. Abgetragen sind die täglichen relativen Kursänderungen für die ersten 50 Börsentage des Jahres 2014. Wie man sieht, folgt auf einen positiven Börsentag (das sind alle Punkte rechts von der Null) fast exakt genau so oft ein weiterer positiver wie ein negativer Börsentag.

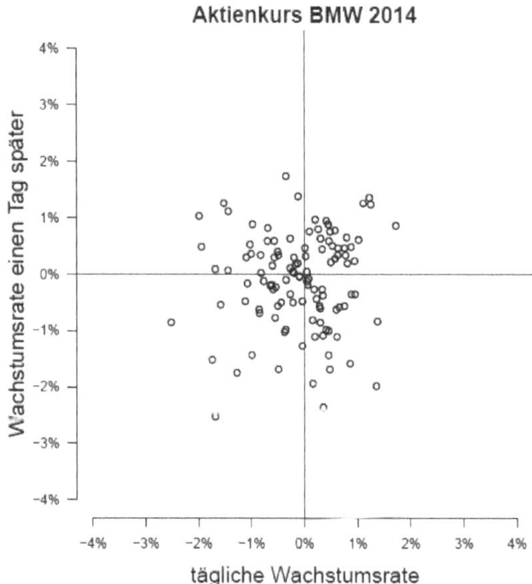

Äquivalenzskala

Dieser seltsame technische Ausdruck hat eine große sozialpolitische Bedeutung. Wann immer uns im Herbst die regelmäßigen Horrormeldungen über Armut in Deutschland erschrecken, ist die Äquivalenzskala in der ersten Reihe mit dabei. Denn sie bestimmt im Wesentlichen mit, wie viel Geld eine Familie braucht, um nicht mehr arm zu sein.

Die seltsame Bestimmung der Armutsgrenze ist Gegenstand eines weiteren Stichwortartikels. Die nehmen wir hier einmal als gegeben hin. Der aktuelle Stand für Deutschland ist: Ein alleinstehender Erwachsener, gleich ob Mann oder Frau, braucht pro Monat netto rund 1000 Euro, um nicht mehr arm zu sein (die konkreten Grenzen sind von Studie zu Studie leicht verschieden). Aber wie viel braucht ein Ehepaar? Oder eine alleinerziehende Mutter mit einem Kind? Oder ein Ehepaar mit drei Kindern? Auch ohne viel Statistik ist hier jedem klar: Ein Ehepaar braucht nicht das Doppelte, ein Ehepaar mit drei Kindern braucht nicht das fünffache einer Einzelperson. Schließlich braucht ein Haushalt mit zwei Personen keine zwei Waschmaschinen und keine zwei Kühlschränke, einer langt. Oder technisch ausgedrückt: Die Fixkosten verteilen sich bei größeren „Bedarfsgemeinschaften" auf mehr Köpfe (Das ist der Fachausdruck für Leute, die einen gemeinsamen Haushalt führen.) Auch der Bedarf an Wohnraum steigt nicht proportional, eine Küche und ein Badezimmer reichen weiterhin. Meistens jedenfalls. Aber wie viel mehr braucht nun eine Familie von vier tatsächlich?

Die Antwort liefert die Äquivalenzskala. Nach aktuellem Stand braucht jede weitere Person über 14 Jahre nochmals die Hälfte dessen, was die erste braucht. Und jedes Kind bis 14 geht mit nochmals weiteren 30 % in die Armutsgrenze der Bedarfsgemeinschaft ein. Dieses Schema ist auch als „Neue OECD-Skala" bekannt. Damit braucht ein Ehepaar mit zwei Kindern nicht $4 \cdot 1000$ Euro $= 4000$ Euro pro Monat, sondern nur

$$1000 + 500 + 300 + 300 = 2100 \, \text{Euro}$$

pro Monat, um nicht mehr arm zu sein.

Die Bedeutung der Äquivalenzskala für die Armutsquote ist evident: Sind die nötigen Zusatzbeträge für weitere

Personen hoch, braucht man mehr Geld, um nicht mehr offiziell statistisch arm zu sein. Sind die nötigen Zusatzbeträge niedrig, reicht schon ein mäßiges Einkommen, um der Armut zu entkommen. In der alten QECD-Skala etwa wurde jeder weiteren Person über 14 Jahre 70 % der ersten, und jedem Kind 50 % als zusätzlichen Minimalbedarf zugestanden. Damit bräuchte unsere Familie mit zwei Kindern schon

$$1000 + 700 + 500 + 500 = 2700\,\text{Euro}$$

pro Monat, um nicht mehr arm zu sein. Damit wären nach dieser Sicht der Dinge weit mehr Menschen arm.

Arbeitslosenquote

Die bundesdeutsche Arbeitslosenstatistik ist ein viel beachteter und jeden Monat mit Hoffen, Bangen, zuweilen auch Resignation erwarteter Wirtschaftsindikator. Sie zählt als arbeitslos, wer (i) für mehr als 18 Stunden in der Woche und nicht nur vorübergehend Arbeit sucht, (ii) dem Arbeitsmarkt unmittelbar zur Verfügung steht, und (iii) als arbeitslos gemeldet ist. Außerdem muss die betreffende Person älter als 15 und jünger als 65 Jahre sein.

Das große Problem ist die Bedingung (iii). Denn viele als arbeitslos gemeldete suchen in Wahrheit gar keine Arbeit. Das wird jeder Arbeitgeber gerne bestätigen. Sie wollen die Zeit zwischen zwei Beschäftigungsverhältnissen überbrücken oder einfach nur Hartz IV kassieren. Und viele Menschen, die tatsächlich Arbeit suchen, sind nicht als arbeitslos gemeldet.

Diese Menschen heißen auch „stille Reserve". Diese stille Reserve nimmt oft in einem Wirtschaftsabschwung zu (weil viele Arbeitssuchende die Hoffnung aufgeben und sich bei den Arbeitsämtern abmelden), in einem Wirtschaftsaufschwung aber ab: Jetzt fassen die Menschen wieder Mut und fragen Arbeit nach, mit dem Ergebnis, dass trotz Aufschwung die Arbeitslosenzahl nicht fällt, vielleicht sogar noch steigt.

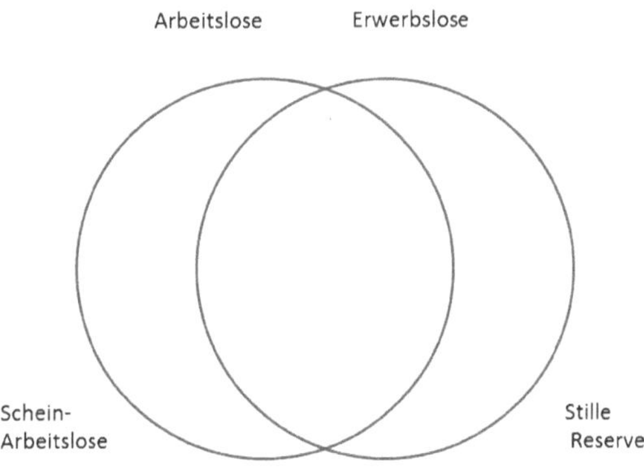

Ein weiteres Problem ist die Bedingung (ii): dem Arbeitsmarkt unmittelbar zur Verfügung stehen. Danach sind Teilnehmer von Schul- und Umschulungsmaßnahmen, da nicht unmittelbar dem Arbeitsmarkt zur Verfügung stehend, offiziell nicht arbeitslos. Auch Frührentner oder Teilnehmer von Rehabilitationsprogrammen sind aus dem Kreis der Arbeitslosen ausgeschlossen. Unter anderem auch deshalb sind die jeweils regierenden und an niedrigen Arbeitslosenzahlen interessierten Kreise so große Freunde von Langzeitstudenten und Umschulungsprogrammen aller Art.

Neben der reinen Zahl der Arbeitslosen gibt es auch noch die Arbeitslosen*quote*. Die braucht einen Nenner. Das ist die sogenannte „Erwerbsbevölkerung". Dazu zählen in Deutschland alle Bürger zwischen 15 und 65, die gegen Entgelt arbeiten oder arbeiten wollen und damit riskieren, arbeitslos zu werden. Beamte, obwohl eigentlich nicht dem Risiko der Arbeitslosigkeit ausgesetzt, zählen mit. Nicht dabei sind aber die Selbständigen, die Soldaten der Bundeswehr und alle Bauern (seit neuerem berechnet man auch Quoten auf Basis *aller* zivilen Erwerbspersonen, aber die sind wenig populär).

Auch diese Definition hat ihre Tücken. In den 80er Jahren des letzten Jahrhunderts hat man in England auf Anordnung von Margret Thatcher die zuvor im Nenner der Arbeitslosenquote nicht vertretenen englischen Staatsangestellten in den Nenner aufgenommen. Darauf fiel die englische Arbeitslosenquote über Nacht von 12 auf 10 Prozent. In einigen Medien wurde das als großer Erfolg gefeiert.

Arithmetisches Mittel

Das arithmetische Mittel ist die beliebteste Methode, Durchschnitte von was auch immer zu berechnen. Wenn ich gestern Abend vier Glas Wein getrunken habe, und vorgestern Abend zwei, macht das im Durchschnitt drei. Diese drei Glas Wein sind das arithmetische Mittel aus zwei und vier.

Dieser Durchschnitt ist nicht der einzig mögliche (siehe die Stichwortartikel Median sowie geometrisches und harmonisches Mittel), aber in der Regel der beste. Die Werte, deren Durchschnitt gesucht ist, werden aufsummiert, durch die Anzahl der Werte geteilt, und fertig. Wenn von vier Familien die erste vier Kinder hat, die zweite drei, die dritte eins und die vierte keins, so hat im Durchschnitt jede zwei:

$$(4 + 3 + 1 + 0)/4 = 8/4 = 2.$$

Dieses arithmetische Mittel hat eine Reihe von schönen Eigenschaften. Zum Beispiel balanciert es in gewisser Weise alle Werte aus. Lege ich an den Stellen 1, 8, 9 und 10 je einen Stein auf ein Brett, so kommt die Konstruktion bei einem Stützpunkt 7, also bei arithmetischen Mittel, ins Gleichgewicht $(1 + 8 + 9 + 10) / 4 = 28 / 4 = 7$:

Das arithmetische Mittel balanciert alle Werte aus

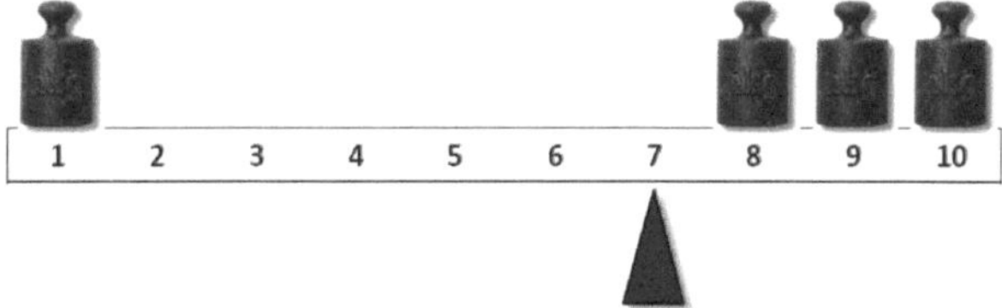

Außerdem sind beim arithmetischen Mittel die Abstände der zu mittelnden Werte vom Mittel in gewisser Weise minimal: Die Summe der quadrierten Abstände ist beim arithmetischen Mittel kleiner als bei jedem anderem Mittelwert. Bei unseren Steinen auf dem Brett ergeben sich als quadrierte Abstände vom arithmetischen Mittel die Zahlen 36, 1, 4 und 9, zusammen 50. Bei jedem anderen Durchschnitt wäre diese Summe größer. Nehmen wir etwa den Median. Der ist in diesem Beispiel 8. Und die quadrierten Abstände aller Werte von der 8 betragen 49, 0, 1 und 4, mit einer Summe von 54.

Ferner ist das arithmetische Mittel einer Summe immer die Summe der arithmetischen Mittel: Wenn ich von einer Anzahl Ehepaaren weiß, wie viel die Männer und wie viel die Frauen im Durchschnitt verdienen, so weiß ich auch, was die Ehepaare im Durchschnitt verdienen. Usw.

Wie alle guten Dinge hat auch das arithmetische Mittel seine Schattenseiten. Z. B. können dabei seltsame Werte herauskommen. Hätte die vierte Familie im obigen Beispiel auch ein Kind statt keins, so hätte jede Familie im Durchschnitt 2 1/4 Kinder. Solche Familien findet man nicht oft. Mit anderen Worten: Das arithmetische Mittel kann Werte annehmen, die bei den Variablen selbst nicht vorkommen. Wussten Sie zum Beispiel, dass die große Mehrheit aller Bundesbürger überdurchschnittlich viele Beine hat? Denn einige unter den 80 Millionen Bundesbürgern und -bürgerinnen haben wegen eines Unfalls nur ein Bein. Das arithmetische Mittel von fast 80 Millionen zweien und einigen hundert Einsen ist aber 1,999. Damit hat ein Bundesbürger im Durchschnitt 1,999 Beine. Hier wäre ganz klar der am häufigsten vorkommende Wert, auch Modalwert genannt, ein besserer Durchschnitt gewesen.

Auch bei Wachstumsraten ist das arithmetische Mittel nicht geeignet. Wenn ich ein Wertpapierdepot mit 1000 Euro eröffne, und das Depot steigt im ersten Jahr auf 1600 Euro, ist das ein Ertrag – eine Rendite – von 60 %. Fällt das Depot im Jahr darauf auf 800 Euro, ist das ein Ertrag von −50 % (alias ein Verlust). „Ich weiß gar nicht, was Du hast," sagt dann mein Wertpapierberater: „Du hast pro Jahr eine Rendite vom im Durchschnitt 5 %!"

Das ist einerseits richtig: das arithmetische Mittel von +60 und −50 ist $(60 - 50) / 2 = +5$. Andererseits ist es natürlich Unfug – bei Renditen oder Wachstumsraten ist das arithmetische Mittel als Durchschnitt ungeeignet. Wenn ich am Ende weniger habe als am Anfang, ist die korrekte durchschnittliche Rendite niemals positiv (der korrekte Durchschnitt ergibt sich hier per Umweg über das geometrische Mittel, siehe einschlägigen Stichwortartikel). Von solchen Perversionen abgesehen ist man mit dem arithmetischen Mittel als Durchschnitt aber meistens gut bedient.

Armutsmaße

Sind die Deutschen seit dem letzten Regierungswechsel ärmer geworden? Meistens sagt die aktuelle Regierung nein, und die Opposition sagt ja. Was beide brauchen, aber oft nicht haben, ist ein ehrliches Maß dafür, was Armut ist.

Leider gibt es hier keinen Konsens. Konventionelle deutsche Armutsstudien nehmen als Maß für die Armut gern den Anteil der Menschen mit einem Einkommen unterhalb der Hälfte oder irgendeines anderen Prozentsatzes vom Durchschnitt. Und beschweren sich regelmäßig, dass trotz wachsenden Wohlstands die Armut in Deutschland nicht verschwinden will. Nach den Maßstäben der Vereinten Nationen dagegen gilt als arm, wer weniger als einen Dollar täglich zum Überleben zur Verfügung hat. Damit ist in Deutschland niemand, weltweit aber jeder fünfte, zusammen über eine Milliarde Menschen, arm.

Beide Positionen sind wissenschaftlich nicht zu halten. Da ist zunächst das Festmachen des vielschichtigen Phänomens der Armut an nur einer Dimension, dem Einkommen. Denn allein mit Geld ist vielen Armen dieser

Erde kaum zu helfen. So besteht etwa, wie einschlägige Studien übereinstimmend zeigen, zwischen dem Einkommen auf der einen und sonstigen Indikatoren von Armut auf der anderen Seite, wie einer überfüllten Wohnung, hungernden und verwahrlosten Kindern und abgestellten Strom- und Telefonanschlüssen, in den Slums der amerikanischen Großstädte allenfalls ein loser Zusammenhang. Würde man das Einkommen der Familien dieser Kinder von der aktuellen Armutsgrenze von jährlich 15.000 Dollar auf jährlich 30.000 Dollar verdoppeln, gingen Kriminalität und Abbruchraten in der Schule („drop-out rates") kaum wesentlich zurück; die zusätzlichen Gelder würden für Geschirrspüler, Zweitautos und Diskothekenbesuche der Eltern ausgegeben, die Kinder hätten davon kaum etwas und wären hinterher nicht reicher als zuvor.

Selbst wenn man Armut am Einkommen festmachen könnte: Es bleibt immer noch die weitere Entscheidung, wo das die Armut definierende „zu wenig" anfängt, d. h. es ist immer noch zu bestimmen, welche konkrete Grenze die Reichen von den Armen trennt.

Die früher übliche Bestimmung der Armutsgrenze als physisches Existenzminimum hilft nicht viel. Schon Adam Smith, der Urvater der modernen Wirtschaftswissenschaften, erkannte, dass Armut mehr ist als der nackte Hunger: „Unter lebenswichtigen Gütern verstehe ich nicht nur solche, die unerlässlich zum Erhalt des Lebens sind," schreibt er in seinem *Wealth of Nations*, „sondern auch Dinge, ohne die achtbaren Leuten, selbst der untersten Schicht, ein Auskommen nach den Gewohnheiten des Landes nicht zugemutet werden sollte. Ein Leinenhemd ist beispielsweise, genau genommen, nicht unbedingt zum Leben nötig, Griechen und Römer lebten, wie ich glaube, sehr bequem und behaglich, obwohl sie Leinen noch nicht kannten. Doch heutzutage würde sich weithin in Europa jeder achtbare Tagelöhner schämen, wenn er in der Öffentlichkeit ohne Leinenhemd erscheinen müsste."

Diese Sicht der Dinge wurde von dem Harvard-Ökonomen A. K Sen auf moderne Verhältnisse übertragen, im Jahr 1998 hat er u. a. auch dafür den Nobelpreis für Wirtschaftswissenschaften erhalten. Sie eröffnet einen Mittelweg zwischen den reinen Relativisten, die Armut mit Ungleichheit verwechseln, und ihren Gegenspielen auf der anderen Seite, die Armut rein veterinärmedizinisch zu erklären suchen. Denn diese „lebenswichtigen Güter" sind einerseits natürlich über Raum und Zeit variabel und zum Teil kulturbedingt, andererseits aber doch kurz- bis mittelfristig fest und absolut. „Die natürlichen Bedürfnisse .., wie Nahrung, Kleidung, Heizung, Wohnung usw., sind verschieden je nach den klimatischen und anderen natürlichen Eigentümlichkeiten eines Landes" schreibt Karl Marx im *Kapital*. Aber „für ein bestimmtes Land, zu einer bestimmten Periode.., ist der Durchschnitts-Umkreis der notwendigen Lebensmittel gegeben."

Dieser „Durchschnitts-Umkreis der notwendigen Lebensmittel" setzt sich zusammen, nicht aus Dingen, die man gerne hätte (das würde nur wieder das Phänomen der Ungleichheit in die Armutsmessung einführen), sondern aus Dingen, die man für das Funktionieren als soziales Lebewesen nach absoluten Maßen braucht. Zum Beispiel braucht man auf einer Südseeinsel keine Heizung, genauso wenig wie dicke Mäntel oder Winterstiefel für die Kinder; auch ohne diese Dinge ist man niemals arm. Bei einer

Familie in Helsinki sieht das schon anders aus. Diese unverzichtbaren Grundbedürfnisse hängen also einmal von der natürlichen, aber auch von der sozialen Umwelt ab. In einer mobilen, räumlich verteilten Gesellschaft ohne öffentlichen Personen-Nahverkehr kann ein eigener PKW durchaus zum Überleben nötig sein, ein Haushalt ohne PKW ist vom sozialen Leben der Gemeinschaft ausgeschlossen und damit in einem durchaus absoluten Sinne „arm". In einer eng vernetzten Dorfgemeinde dagegen ist ein eigener PKW zur Teilnahme am sozialen Leben überflüssig, ein Haushalt ohne Auto ist hier *nicht* in absoluter Weise „arm".

Diese Notwendigkeit eines Gutes für ein menschenwürdiges Dasein hängt nicht unmittelbar davon ab, ob auch der Nachbarn dieses Gut besitzt. Ohne Einfluss auf die Armut ist nach dieser Sicht auch die subjektive Befriedigung, welche die Entfaltung dieser Möglichkeiten erzeugt. Ob jemand sich in einer Zwei-Zimmer-Wohnung subjektiv beengt vorkommt oder nicht, ob jemand seine Kleider mit Freude oder Widerwillen trägt, beim Essen Freude oder Überdruss, beim Besuch einer Kunstausstellung Langeweile oder Begeisterung empfindet, die Lektüre seiner Tageszeitung als Pflicht oder als angenehme Abwechslung betrachtet, eine Autofahrt genießt oder als lästige Zeitverschwendung ansieht, alle diese subjektiven Gefühle spielen für die Armut keine Rolle. Armut ist nicht das Gegenteil von Glück. Für die Armut ist allein entscheidend, ob oder ob nicht ein Mensch zu gewissen Dingen wie einem ungestörten Schlafen mit einem Dach über dem Kopf in der Lage ist, unabhängig davon, welchen Nutzen (welches Glücksgefühl bzw. welche Befriedigung) er oder sie dabei verspürt.

Ausfallratings

Kreditausfallprognosen sind eine der großen Wachstumsbranchen der modernen empirischen Wirtschaftsforschung. Das beginnt bei der Sparkasse um die Ecke, die sich bei jedem Kreditnehmer fragt: mit welcher Wahrscheinlichkeit zahlt er oder sie den Kredit dann auch zurück? und endet bei großen multinationalen Konzernen wie Moody's oder Standard & Poor's, deren Kreditausfallprognosen die Zukunft ganzer Volkswirtschaften mitbestimmen. Hier sind die bekanntesten Vertreter:

Die bekanntesten Ratingagenturen	
Name	gegründet
Moody's investors service („Moody's")	1900
Fitch investor service („Fitch")	1922
Standard and Poor's Corporation („S&P")	1923
Thomson Bank Watch	1974
Dominion bond rating service („DBRS")	1976
Japanese bond rating institute	1977
Duff and Phelps Credit Rating	1986

Nur leicht übertrieben hat der amerikanische Fernsehmoderator Jim Lehrer die Bedeutung dieser Firmen einmal so beschrieben: „Es gibt zwei Supermächte heutzutage auf der Welt. Das sind die USA und das ist die Moody's Kreditrating-Agentur. Die USA können dein Land zerstören, indem sie Bomben drauf werfen. Und Moody's kann dein Land zerstören, indem es seine Kreditwürdigkeit herabstuft. Und glauben Sie mir, es ist nicht klar, was besser wirkt." ("There are two superpowers in the world today in my opinion. There's the United States and there's Moody's Bond Rating Service. The United States can destroy you by dropping bombs, and Moody's can destroy you by downgrading your bonds. And believe me, it's not clear sometimes who's more powerful") (The News Hour with Jim Lehrer, PBS, 13. Februar 1996).

Das ist nicht nur so dahergesagt. Derzeit genießt die Bundesrepublik als einer von wenigen größeren Staaten auf der Welt das optimale Gütesiegel AAA (Standard&Poor's) oder Aaa (Moody's). Besser geht es nicht. In Ausfallwahrscheinlichkeiten ausgedrückt: Die Wahrscheinlichkeit, dass ein so bewerteter Kreditnehmer binnen eines Jahres seinen Verpflichtungen nicht mehr nachkommt, ist kleiner als 0,001 %. Das ist so gut wie Null. Dieses Geld ist sicher, man kann es dem Kreditnehmer getrost verleihen und muss keine hohen Zinsen fordern.

Die folgende Tabelle zeigt diese Ausfallwahrscheinlichkeiten auch für einige andere Ratingstufen.

Ratingstufen und Ausfallwahrscheinlichkeiten

Rating	Ausfallwahrscheinlichkeit (in Prozent)
AA	0,01
A	0,04
BBB	0,21
BB+	0,75
BB−	1,14
B	5,16
CCC	10,00
CC	20,00
D	100,00

Eine Herabstufung von AA auf A bedeutet damit eine Vervierfachung der Ausfallwahrscheinlichkeit. Das wiederum würde Geldgeber veranlassen, ihr Vermögen dem Bundesfinanzminister nur gegen höhere Zinsen zu überlassen, mit langfristigen Zusatzkosten für diesen von mehr als 50 Milliarden Euro pro Jahr (derzeit zahlt etwa der deutsche Finanzminister für seine aufgenommenen Kredite weniger als ein Prozent pro Jahr, der Finanzminister Spaniens dagegen mehr als vier Prozent).

Auf individueller Ebene genauso folgenschwer sind Kreditausfallprognosen beim Antrag auf eine Kreditkarte oder einen Kleinkredit: Man bekommt die Karte oder den Kredit einfach nicht. Angesichts der Masse von eingehenden Anträge sind die meisten Banken hier auf statistische *Scorekarten-Systeme* angewiesen. Die Ausfallwahrscheinlichkeiten selber schätzt man dabei meistens mittels *logistischer Regression*. Dazu in den beiden einschlägigen Stichwortartikeln mehr.

Ausreißer

Ein Ausreißer ist ein Wert für eine Variable, der nur schwer den anderen Werten zuzuordnen ist, der sozusagen wie der Kuckuck im Meisennest in gewisser Weise aus der Reihe tanzt. Ein Schütze schießt zwölf Mal auf eine Scheibe, und wie wir hier sehen, gibt es einen Ausreißer:

Schießscheibe

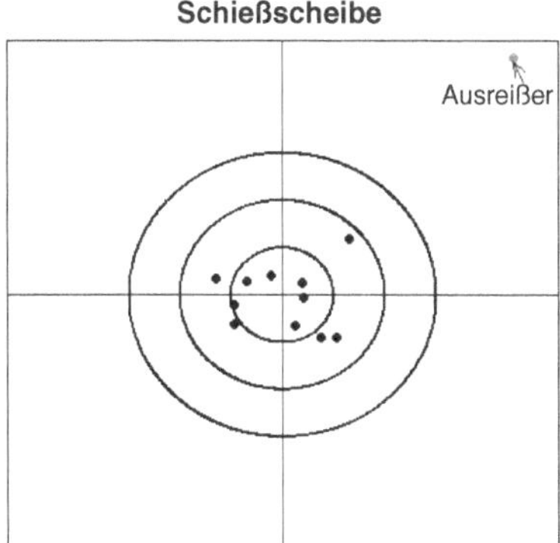

Vielleicht hat gerade jemand gehustet, oder der Schütze hat einen Schluckauf gehabt – wie auch immer, dieser Wert sondert sich ganz offensichtlich von den anderen ab. Und sollte deshalb bei der Beurteilung des Schützen keine Rolle spielen.

Eine große Subdisziplin der Statistik, die sogenannte Robuste Statistik, hat genau diese Aufgabe – das Aussortieren und Neutralisieren von Ausreißern – zum Gegenstand. Die konkreten Methoden müssen hier nicht interessieren, der Knackpunkt ist in jedem Fall, wie man korrekt entscheidet, ob ein Wert tatsächlich ein Ausreißer ist. In medizinischen Anwendungen etwa ist das u. U. sogar lebenswichtig – soll die Krankenschwester nun den Doktor rufen oder nicht? Hat ein Organ aufgehört, normal zu funktionieren? Oder ist das alles noch im ungefährlichen Bereich?

Balkendiagramm

Balkendiagramme stellen eine beschränkte Anzahl von Werten, sagen wir 5 bis 15, von Merkmalen wie Einkommen, Vermögen, jährliche Niederschläge oder Höchsttemperaturen, grafisch dar. Das kann man durch waagerechte Balken oder durch senkrechte Säulen tun. Im zweiten Fall sagt man dann auch Säulendiagramm. Solche Grafiken kommen auch in diesem Wörterbuch an verschiedenen Stellen vor, etwa in den Kapiteln „Kaufkraftparitäten" oder „Achsenmanipulation". Hier ist ein weiteres Beispiel, die deutschen Exporte 2013, und wohin sie gehen:

Zielländer deutscher Exporte 2013

Als Zusatzinfo sind hier noch die Zahlenwerte den Balken angefügt. Weitere Freiheitsgrade sind die Breite (nicht zu schmal nicht zu breit) und die Abstände zwischen den Balken (dito).

Es versteht sich von selbst, dass man die Füße bzw. Enden der Balken oder Säulen nicht wie in dem folgenden Beispiel abschneiden darf; dadurch werden Größenunterschiede aufgeblasen: Der hier vermittelte Rückgang von 16 % stimmt überhaupt nicht mit der Größenreduktion der Säulen überein.

Aufblasen der Unterschiede durch Abschneiden der Beine

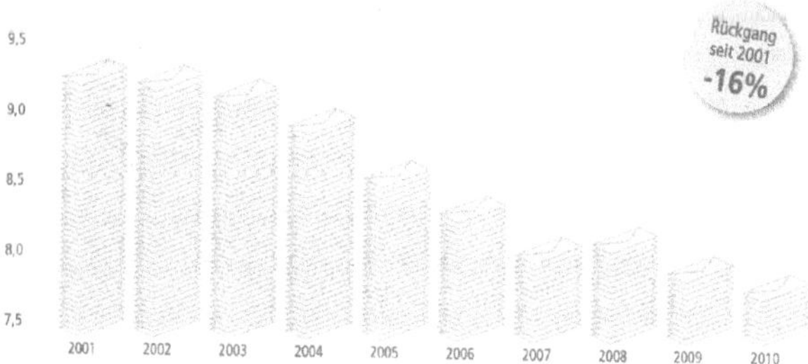

Bayes-Statistik

Auch die mathematische Statistik kennt ihre Glaubenskämpfe. Da gibt es die Frequentisten und da gibt es die Bayesianer. Das sind die Anhänger des so frommen wie mathematisch begabten Reverenden Thomas Bayes (1701–1761), des Erfinders der berühmten Bayes-Regel, die das Neuberechnen von Wahrscheinlichkeiten im Licht von aktuellen Beobachtungen erlaubt.

Die Frequentisten schließen ausschließlich aus beobachteten Häufigkeiten oder ganz allgemein aus beobachteten Merkmalswerten auf unbekannte Eigenschaften einer Variablen. Wir haben beispielweise eine Stichprobe aller erwachsenen deutschen Männer, im Durchschnitt 178 cm groß. Also sind die 178 cm unsere beste Schätzung für die wahre Durchschnittsgröße. Die Bayesianer nutzen dagegen auch Vorinformationen, oft in Gestalt von subjektiven Wahrscheinlichkeiten aus. Nehmen wir den Besucher einer Spielbank (dergleichen Beispiele sind vor allem deshalb so beliebt, weil man da alle Wahrscheinlichkeiten leicht ausrechnen kann). Er spielt Roulette. Wie hoch ist die Wahrscheinlichkeit für rot (die Null mal außen vor)?

Natürlich 1/2. Jetzt weiß unser Besucher: Der Kessel ist gezinkt, eine Farbe – man weiß aber nicht welche – ist doppelt so wahrscheinlich wie die andere. Damit ist die Wahrscheinlichkeit für rot jetzt entweder 1/3 oder 2/3, jedes von beiden mit einer subjektiven Wahrscheinlichkeit von 1/2.

Jetzt sieht unser Besucher eine Weile dem Spielertreiben zu, und stellt fest: Es kommt fünfmal nacheinander rot. Was sind jetzt seine neuen subjektiven Wahrscheinlichkeiten für die Werte 1/3 und 2/3?

Fangen wir mit 1/3 an. Die subjektive Wahrscheinlichkeit, dass dies der wahren Wahrscheinlichkeit für rot entspricht, ist jetzt natürlich drastisch kleiner. Aber wie klein? (Ich weiß: Das Argumentieren mit Wahrscheinlichkeiten von Wahrscheinlichkeiten braucht etwas Gewöhnung). Er rechnet nach: Die Wahrscheinlichkeit für fünfmal nacheinander rot beträgt

$$(1/2)(1/3)^5 + (1/2)(2/3)^5 = 33/486.$$

Damit beträgt die bedingte Wahrscheinlichkeit für 1/3, gegeben fünfmal rot,

$$(1/2)(1/3)^5/(33/486) = 3\%,$$

und das ist erheblich kleiner als 1/2. (Näheres zu bedingten Wahrscheinlichkeiten im nächsten Stichwortartikel). Und die bedingte Wahrscheinlichkeit für 2/3, gegeben fünfmal rot, ist damit

$$1 - 3\% = 97\%.$$

Das ist nun größer als 1/2. Mit anderen Worten, der Besucher hat seine Vorurteile (im Imponierjargon der Statistik auch „a priori-Wahrscheinlichkeiten" genannt) im Licht der Daten nach oben und nach unten angepasst. Und wer das eingesehen hat, der weiß auch, wie die Bayes-Statistik funktioniert.

Bedingte Wahrscheinlichkeiten

Einfache Wahrscheinlichkeiten auszurechnen ist nicht schwer. Wenn ich eine Münze werfe, mit den Seiten Kopf und Zahl, dann ist die Wahrscheinlichkeit für Zahl 1/2. Beim Würfeln ist die Wahrscheinlichkeit für jede Zahl 1/6 (natürlich immer vorausgesetzt, dass alle möglichen Ergebnisse gleich wahrscheinlich sind). Wächst die Menge der möglichen Ergebnisse an, wird das Abzählen schwerer, funktioniert aber im Prinzip genauso. Zum Beispiel gibt es 13,9 Millionen Möglichkeiten, 6 aus 49 Kugeln auszuwählen. Damit ist die Wahrscheinlichkeit für einen Haupttreffer im Lotto, wenn man nur einmal spielt, 1:13,9 Millionen.

Was ist aber die Wahrscheinlichkeit für – sagen wir eine vier – beim Würfeln, wenn ich weiß, dass eine gerade Zahl gewürfelt worden ist? Offensichtlich bleiben hier nur die Zwei, die Vier und die Sechs übrig, alle gleich wahrscheinlich, d. h. die Wahrscheinlichkeit für vier steigt von 1/6 auf 1/3. Diese neue Wahrscheinlichkeit heißt auch die „bedingte" Wahrscheinlichkeit für Vier.

Bedingte Wahrscheinlichkeiten kommen also immer dann ins Spiel, wenn es über das betreffende Ereignis zusätzliche Informationen gibt. Zum Beispiel ist die Wahrscheinlichkeit, dass es an einem zufällig ausgewählten Tag des Jahres 2012 in der schönen Stadt Köln am Rhein geregnet hat, genau 156/365. Wenn ich dann aber außerdem noch weiß, es war ein Tag im Mai, dann steigt die Wahrscheinlichkeit auf 27/31, das ist fast 1. Denn in diesem Jahr hat es in Köln im Mai fast jeden Tag geregnet.

Im Prinzip sind also bedingte Wahrscheinlichkeiten nicht anders zu berechnen als einfache. In der Praxis dagegen wimmelt es hier nur von Fallstricken aller Art. Das fängt damit an, dass viele beim Ausrechnen von bedingten Wahrscheinlichkeiten die Zusatzinformation nicht korrekt verwerten. Angenommen etwa, Sie spielen Skat und gucken – was natürlich verboten ist – Ihrem Nachbarn über die Schulter. Und Sie sehen: „Aha, er hat ein Ass." Mit welcher Wahrscheinlichkeit hat er mindestens noch ein weiteres Ass?

Die einfache Wahrscheinlichkeit für „mindestens zwei Asse" ist 36,8 %: Es gibt insgesamt 64.512.240 Möglichkeiten, aus 32 Skatkarten ein Zehnerblatt zusammenzustellen, bei gutem Mischen alle gleich wahrscheinlich, davon

23.761.530 mit mindestens zwei Assen, also ist die Wahrscheinlichkeit für mindestens zwei Asse

$$23.761.530/64.512.240 = 36{,}8\%.$$

Wenn ich aber weiß, er hat schon eins, dann ist die Wahrscheinlichkeit für zwei Asse oder mehr natürlich größer, sie beträgt jetzt 46,2 % (immer vorausgesetzt, Sie haben Ihre eigenen Karten noch nicht gesehen. Das erhöht die Zusatzinformation natürlich noch einmal beträchtlich.)

Und jetzt kommt etwas, das vielen Leuten mysteriös erscheint: Wenn ich ihm nochmals über die Schulter gucke und sehe, aha, er hat ja das Pik-As, was ist dann die bedingte Wahrscheinlichkeit für mindestens zwei Asse?

Die meisten Leute denken: Die Infos „er hat ein As" und „er hat ein Pik-As" bedeuten das gleiche, insofern bleibt das Ergebnis gleich. Das ist aber falsch, die Wahrscheinlichkeit für zwei Asse oder mehr ist jetzt 65,7 %. Denn durch die Zusatzinfo „Pik-As" wird die Menge der Möglichkeiten weit drastischer eingeschränkt als durch die Zusatzinfo „irgendein As". Das sieht man auch sehr schön an dem Beispiel des Bekannten mit zwei Kindern und der Frage: Mit welcher Wahrscheinlichkeit hat er zwei Mädchen?

Wenn wir einmal unterstellen, dass alle vier Möglichkeiten

$$(M, M)\,(M, J)\,(J, M)\,(J, J)$$

gleich wahrscheinlich sind (ist in Wahrheit nicht ganz exakt der Fall, Jungengeburten sind etwas häufiger), so beträgt die Wahrscheinlichkeit für zwei Mädchen 1/4. Wenn wir jetzt zusätzlich noch wissen, der Bekannte hat mindestens ein

Mädchen, so ändert sich die Wahrscheinlichkeit für zwei Mädchen: Sie ist nicht mehr ein 1/4, sondern 1/3, denn (J,J) fällt weg. Wenn wir dagegen wissen, das *erste* Kind ist ein Mädchen, so ist die bedingte Wahrscheinlichkeit nicht 1/3, sondern 1/2. Denn jetzt fallen (J,J) und (J,M) weg. Mit anderen Worten, die Zusatzinformation „er hat mindestens ein Mädchen" und die Zusatzinformation „das erste Kind ist ein Mädchen" sind nicht das selbe, durch die zweite werden wie beim Skat mehr Möglichkeiten ausgeschlossen.

Weit folgenschwerer als dieser gedankliche Kurzschluss beim Berechnen ist aber eine andere Falle, in die immer wieder gerne hereingetrampelt wird, und wegen der nach Berechnungen meines Berliner Kollegen Gerd Gigerenzer tausende Menschen weltweit unschuldig im Gefängnis sitzen (wenn ihnen nicht gar Schlimmeres widerfahren ist). Diese Falle ist auch als der Fehltritt des Staatsanwalts bekannt und geht so: Falls der Angeklagte unschuldig ist, sind die Indizien derart unwahrscheinlich, dass im Umkehrschluss der Angeklagt die Tat begangen haben muss. Oder in unserer hier eingeführten Notation: Die bedingte Wahrscheinlichkeit für die Indizien, gegeben der Angeklagte ist unschuldig, ist minimal. Daraus schließt dann der Staatsanwalt, und ihm folgend allzu oft der Richter, auch die bedingte Wahrscheinlichkeit für Unschuld, gegeben die gefundenen Indizien, sei gleichfalls minimal.

In Wahrheit haben diese beiden bedingten Wahrscheinlichkeiten überhaupt nichts miteinander zu tun. Ein prominentes Beispiel für ein auf dieser Verwechslung beruhendes vermutliches Fehlurteil ist die englische Rechtsanwältin Sally Clark, die im November 1999 wegen der Ermordung ihrer zwei Kinder zu zweimal lebenslänglich verurteilt wurde. Und mit großer Wahrscheinlichkeit zu Unrecht. Beide Kinder waren an plötzlichem Kindstod gestorben. Dieses Schicksal trifft jedes Jahr einen von rund 2000 gesund geborenen Säuglingen, die genauen Ursachen kennt man nicht. Aber dass dieses Schicksal zweimal in der gleichen Familie zuschlage, sei derart unwahrscheinlich, so ein „Sachverständiger", hier müsse von einem Vorsatz der Mutter ausgegangen werden.

Oder anders ausgedrückt: die bedingte Wahrscheinlichkeit, dass beide Kinder sterben, gegeben Sally Clark ist unschuldig, sei derart minimal, dass man bei Frau Clark absichtliche Tötung unterstellen müsse. Drei Jahre später sah ein anderes Gericht diesen Trugschluss ein und setzte Sally Clark wieder auf freien Fuß.

Benford-Gesetz

Das Benford-Gesetz beschreibt die Häufigkeit, mit der in großen Zahlenmengen gewisse Anfangsziffern wie etwa die 1 oder die 5 vorkommen. Wie viele andere Gesetze und Verfahren der Statistik hat es seinen Namen aber nicht von seinem Entdecker, dem Mathematiker Simon Newcomb, sondern von dem amerikanischen Physiker Frank Benford (1883–1948), der diese Regelmäßigkeiten in verschiedenen Zusammenhängen dann auch empirisch nachgewiesen hat.

Das Gesetz besagt, dass in großen Texten bzw. Sammlungen mit vielen Zahlen (die Bibel, unsere Steuererklärung, das Bürgerliche Gesetzbuch, die Preise bei Aldi, Thomas Manns Buddenbrooks, die nächste Wochenendausgabe der FAZ, das Parteiprogramm der SPD usw.) genau 30,1 % aller Zahlen mit einer „1" beginnen: Der 104. Geburtstag von Johannes Heesters, die 1-Million-Euro Frage bei Günter Jauch, oder die 1254 Kindern Elams aus der Bibel. Die zwei als erste Ziffer kommt dagegen in 17,6 % der Fälle vor, die drei in 12,5 %, die vier in 9,7 %, und so immer weniger bis zu den 4,6 % für die erste Ziffer 9. Die 95 Thesen, die Luther an die Schlosskirche zu Wittenberg geschlagen haben soll, sind also diesbezüglich eher eine Minderheit.

Streng genommen sagt das Gesetz nur aus, dass die Proportionen sich mit größer werdenden Zahlenmengen den obigen Prozentsätzen immer mehr annähern. Aber schon bei kleinen Datensätzen trifft das Gesetz die wahren Verhältnissen verblüffend genau. Nehmen wir etwa die insgesamt 11.391 selbständigen Städte und Gemeinden der Bundesrepublik. Die kleinste ist die Gemeinde Gröde auf der gleichnamigen Hallig im Nationalpark Schleswig-Holsteinisches Wattenmeer. Da wohnen gerade mal neun Menschen. Damit liefert Gröde einen Beitrag zu der wenig beeindruckenden Strichliste hinter der Ziffer 9. Weitere Striche hinter der Ziffer 9 liefern Bereborn in der Eifel (93 Einwohner, ein Teil der Verbandsgemeinde Kelberg, unweit des Dorfes Ormont, wo der Autor dieses Lexikons geboren ist), Oberhausen bei Kirn (913), Bad Orb (9240) oder Kaiserslautern (97.112). Die größte selbstständige Gemeinde ist natürlich die Bundeshauptstadt Berlin, mit 3.357.000 Einwohnern; Berlin liefert damit einen Beitrag für die erste Ziffer 3. Usw., die lange Liste aller 11.391 Städte und Gemeinden durch. Das Endergebnis sehen wir hier:

Städte und Gemeinden in Deutschland, Mai 2013

Erste Ziffer der Einwohnerzahl	Anzahl	Relativer Anteil
1	3390	29,8 %
2	1939	17,0 %
3	1359	11,9 %
4	1125	9,9 %
5	914	8,0 %
6	784	6,9 %
7	715	6,3 %
8	630	5,5 %
9	535	4,7 %

Die exakte Logik hinter diesem verblüffenden Phänomen erfordert einige Kenntnisse in Wahrscheinlichkeitstheorie. Wichtig ist, dass die Zahlenmenge einen möglichst weiten Bereich überspannt, etwa dass die größte Zahl rund 100.000 mal größer ist als die kleinste, und dass die Zahlen sozusagen „natürlich" zustande gekommen sind. Nehmen wir etwa einen Heuschreckenschwarm, der pro Periode mit einer bestimmten Rate wächst, sagen wir 20 %, und fangen bei 100 an (jede andere Anfangszahl und jeder andere Prozentsatz täte es auch). Hier sind die – gerundeten – ersten 26 Zahlen, die sich bei einer konstanten Wachstumsrate von 20 % ergeben:

100, 120, 144, 173, 207, 249, 299, 358, 430, 516, 619, 743, 891, 1070, 1284, 1540, 1849, 2219, 2663, 3195, 3834, 4601, 5522, 6626, 7951, 9541 …

Was stellen wir fest? Die Anfangsziffer 1 ist die häufigste, gefolgt von der 2, dann die 3, usw. bis hinunter zu der 8 und zu der 9. Und wenn wir diese Reihe noch ein paar Zeilen weiterführen, kommt immer deutlicher das Benford-Gesetz heraus. Probieren Sie es einfach einmal aus. Ganz allgemein sollten die Zahlen nach oben sozusagen ausfransen, d. h. je größer, desto seltener werden.

Nicht das Benford-Gesetz ergibt sich z. B., wenn eine Ausgangsgröße immer um den gleichen Absolutbetrag zunimmt, oder wenn man sich die Zahlen ausdenkt. In beiden Fällen sind die Zahlen und damit auch deren Anfangsziffern unnatürlich gleichmäßig verteilt. Das haben inzwischen auch die Finanzämter gemerkt und lassen routinemäßig unsere Steuererklärung nach den Anfangsziffern der dort aufgeführten Geldbeträge auszählen. Kommt dann die 1 zu selten und die 9 zu oft, haben wir die Steuerfahndung auf dem Hals.

Bereinigtes Lohndifferential

Frauen verdienen im Durchschnitt weniger als Männer. Aktuell sind das rund 23 % pro Stunde. Das zeugt aber weniger von Ungerechtigkeit als davon, dass Frauen systematisch andere Berufe haben. So verdient ein Monteur auf einer Ölplattform in der Nordsee ein Mehrfaches der Küchenhilfe, aber der Monteur ist typischerweise männlich und die Küchenhilfe weiblich.

Informativer als dieser 23 %-Unterschied der Durchschnittslöhne ist das vom Statistischen Bundesamt ausgewiesene „bereinigte Lohndifferential": Das zerlegt die durchschnittliche Differenz der Frauen- und Männergehälter in zwei Teile: einen, den man mit den oben genannten Unterschieden erklären kann, und einen, den man mit diesen Unterschieden eben nicht erklären kann. Der wird dann als derjenige Lohnunterschied interpretiert, der auf einer Ungleichbehandlung beruht; laut Statistischem Bundesamt beläuft er sich auf rund 8 Prozent.

Aber auch diese 8 % sind immer noch zu viel. Denn die Konstruktion identischer Vergleichsgruppen, die sich nur hinsichtlich des Geschlechtes unterscheiden, bleibt immer unvollkommen. Kämen noch weitere, in diesen 8 Prozent nicht berücksichtigte lohndeterminierende Faktoren wie Länge der Berufserfahrung oder Körperkraft hinzu, würde die bereinigte Lohndifferenz vermutlich weiter sinken.

Big Data

Dieser Stichwortartikel ist der einzige, der bei einer Neuauflage dieses Wörterbuchs garantiert umgeschrieben werden muss. Denn was hier derzeit vor unseren Augen aufläuft, ist derart rasant und in seiner letztendlichen Zielrichtung unbestimmt, dass es sich fast nicht lohnt, den aktuellen Stand der Dinge aufzuschreiben. „I keep saying the sexy job in the next ten years will be statisticians," schreibt dazu Hal Varian, der Chefökonom von Google, in der Zeitschrift McKinsey Quarterly im Januar 2009. „The ability to take data – to be able to understand it, to process it, to extract value from it, to visualize it, to communicate it – that's going to be a hugely important skill in the next decades."

Aber was der Chefökonom von Google damit meint, ist nicht Statistik im traditionellen Sinn. Da ging es über Jahrhunderte vor allem darum, Tatbestände, Fakten oder Sachverhalte sozusagen von Hand abzuzählen. Und die analysierte, tabellierte und verglich man dann mit Bleistift und Papier. Im Jahr 1717 gab es in Berlin 2549 Geburten und 2211 Todesfälle (so der preußische Pfarrer und Hobbystatistiker Johann Peter Süßmilch in seinem Hauptwerk *Die Göttliche Ordnung in den Veränderungen des menschlichen Geschlechts, aus der Geburt, dem Tode und der Fortpflanzung).* Im Jahr 2013 wurden 14.823 Pkws und 946 Lkws von Deutschland nach Griechenland exportiert (dagegen 15.033 Tonnen Melonen und 6226 Tonnen Olivenöl importiert), das Bruttosozialprodukt der Bundesrepublik Deutschland im Jahr 2013 betrug 2,568 Billionen Euro usw. Dergleichen Zahlen sammelt die Amtsstatistik seit Kaiser Augustus' Zeiten, und an diesem Sammelprinzip hat sich seither nicht allzu viel geändert. Zwar sind aus Schiefertafeln und Papyrusrollen zunächst Lochkarten und dann elektronische Massenspeicher geworden, und haben statistische Softwarepakete uns das Rechnen abgenommen, aber die Menge der zu speichernden und zu verarbeitenden Daten blieb begrenzt.

Das ist heute anders. Zwar sammelt und archiviert die Amtsstatistik im Wesentlichen das gleiche wie seit je, aber sie hat durch private Datensammler aller Art nun riesige Konkurrenz. Man macht Urlaub auf Lanzarote und bekommt eine Woche später Prospekte für Seniorenheime und Treppenlifte ins Haus (eigene Erfahrung; Lanzarote ist ein idealer Ferienort für Rentner). Man geht zum Ohrenarzt, und prompt liegen im Briefkasten drei Angebote für Hörgeräte. Und was die Firma Google heute über mich weiß, will ich eigentlich gar nicht wissen. Es soll Frauen geben, die von ihrem Supermarkt erfahren, dass sie schwanger sind (anderes Einkaufs- und Konsumverhalten), und die Funktelefone der Zukunft werden vielleicht an Ihren Lebensversicherer melden, wenn Ihr Schritttempo die ersten Anzeichen eines koronaren Herzinfarktes zeigt (denn in diesen Telefonen sind Bewegungssensoren eingebaut). Durch das automatisierte und flächendeckende Aufzeichnen und Speichern von Einkaufsgewohnheiten, Urlaubsreisen, Telefonkontakten und Konzertbesuchen sind prinzipiell über jeden von uns heute Informationen verfügbar, von denen Honeckers Stasi nur träumen konnte. Und wenn ein deutscher Datenschützer dann zu Google sagt: „Pfui, das darfst du nicht", dann lacht sich Google tot.

Möglich wurde das alles natürlich in erster Linie durch das Internet. Der Homo Sapiens des 21. Jahrhunderts hinterlässt fast jede Minute digitale Fuß-, Finger- und was sonst noch für Abdrücke im weltweiten Netz, er oder sie spuckt mit Daten quasi nur so um sich, und aus dieser Spucke machen viele Leute sehr viel Geld: Finanzdienstleister, die sich über die Solvenz der Kunden informieren, der Versandhändler beim Identifizieren von spendierfreudigen Empfängern seiner teuren Kataloge, Mobilfunkanbieter, Einzelhändler wie Aldi und Lidl, die jeden einzelnen Kassenbon nach Änderungen im Kaufverhalten untersuchen, bis hin zur Firma Carglass (die mit der unsäglichen Fernsehwerbung), die jeden Tag mehr als 100 Millionen Datensätze (für jeden Bundesbürger mehr als einen) betreffend Unfall- und Zulassungszahlen aller möglichen Automodelle daraufhin auswertet, wo sie am besten ihre nächste Werkstatt baut.

Es versteht sich von selbst, dass solche Datenmengen ganz andere Techniken der Analyse verlangen, als man aus Standardlehrbüchern der Statistik kennt. Warum sich über das optimale Ziehen einer Stichprobe Gedanken machen, wenn man billig beliebig viele Daten haben kann? Wieso noch aufwändige Versuche planen, wenn die zu untersuchenden Objekte freiwillig und mit Verve alles von sich preisgeben, was nur preiszugeben ist? Wichtig werden jetzt auf einmal ganz andere Aspekte: Wie trennt man die Spreu vom Weizen, wie findet man die zündende Information in einem Meer von Datenmüll? Die Firma Google wurde nicht deshalb in wenigen Jahren zum größten Wirtschaftsunternehmen auf der Welt, weil ihre Gründer die Idee hatten, das Internet nach Infos abzusuchen. Der Knackpunkt war nicht das was, sondern das wie, die unschlagbar effizienten Algorithmen, mit denen Google das betreibt. Genauso wird sich auch in der Statistik der Schwerpunkt verschieben von abstrakten Methoden und Modellen hin zu möglichst schnellen Verfahren, diese auf immer riesigere Datenozeane loszulassen. Das nächste Google wartet um die Ecke. Warten wir, wer es entdeckt.

Biometrischer Fingerabdruck

Fast jeder hat es – ein biometrisches Bild im Ausweis. Man guckt ernst und geradeaus in die Kamera, und die Passkontrolle wird damit sicherer. Dieses Identifizieren von Menschen mittels körperlicher Merkmale beschäftigt Statistiker schon seit langer Zeit. Der Franzose Alphonse Bertillon etwa schlug die folgenden elf Körpermaße zur Identifikation speziell von Straftätern vor: Körpergröße, Armspannweite, Sitzhöhe, Kopflänge, Kopfbreite, Länge des rechten Ohres, Breite des rechten Ohres (später Jochbeinbreite), Länge des linken Fußes, Länge des linken Mittel- und Kleinfingers und Länge des linken Unterarmes. Laut Bertillon käme dann nur einmal alle 4 Millionen Vergleiche eine Verwechslung vor. Dieses System hat sich allerdings nicht durchgesetzt.

Mehr Erfolg hatte der englische Statistiker Francis Galton (zugleich auch Erfinder der Regressionsrechnung und des Korrelationskoeffizient) mit seinem Vorschlag, doch den Fingerabdruck als Identifikationsmerkmal zu nutzen. Aktuell geht die biometrische, passbildbasierte Gesichtserkennung wieder auf Bertillon zurück und berechnet im Foto die Position, die Lage und den Abstand von Augen, Nase und Mund. Das Ergebnis dieser Berechnung, das Template, wird mit den Templates der im Rechner gespeicherten Gesichtsbilder abgeglichen. Stimmen die Merkmale zu einem gewissen Prozentsatz überein, winkt der Zollbeamte durch.

Das System ist natürlich nicht zu 100 Prozent sicher, das beweisen nicht zuletzt die unbehelligten Grenzübertritte von international gesuchten Terroristen. Aber für die Dauerkartenbesitzer des Zoos in Hannover reicht das als Identifikation. Hier wird seit einiger Zeit mittels Passbild überprüft, ob ein Dauerkarten-Besucher wirklich der Besitzer und vor allem der Bezahler der Dauerkarte ist.

Für sensiblere Kontrollen empfehlen sich dann Kombinationen wie etwa der Abgleich von Gesichtserkennung und Fingerabdruck oder die aus James-Bond-Filmen bekannten Augenscanner.

Binomialverteilung

An wieviel Börsentagen in der Woche schließt der DAX im Plus?

In 3 Prozent aller Börsenwochen an allen 5, in 16 Prozent aller Börsenwochen an vier von fünf, in 31 Prozent aller Börsenwochen an drei bzw. zwei von fünf, in 16 Prozent aller Börsenwochen an einem und in 3 Prozent aller Börsenwochen an keinen Wochentag.

Wer das nicht glaubt: Einfach einmal alle Börsenwochen mit fünf Handelstagen auszählen, angefangen 1960, seit es den DAX (rückgerechnet) gibt. Man wird in guter Näherung bei den obigen Anteilen landen.

Die Binomialverteilung sagt: wir können uns dieses Auszählen sparen. Diese relativen Häufigkeiten stimmen bei den rund 3000 Börsenwochen seit 1960 gut mit den theoretischen Wahrscheinlichkeiten der Binomialverteilung überein. Diese bestimmt ganz allgemein, mit welcher Wahrscheinlichkeit ein bestimmtes Ereignis beim mehrmaligen unabhängigen Durchführen eines Zufallsexperimentes keinmal, einmal, zweimal, dreimal usw. eintritt. Die Formel dazu ist in jedem Statistik-Lehrbuch nachzulesen und soll hier nicht weiter interessieren. In diese Formel sind die Wahrscheinlichkeit des fraglichen Ereignisses und die Zahl der Wiederholungen einzugeben. In unserem Beispiel ist die Wahrscheinlichkeit für einen positiven DAX in guter Näherung 1/2 (in Wahrheit ein kleines bisschen größer, aber das will ich einmal ignorieren). Das „Experiment" ist ein Handelstag, es wird in einer normalen Börsenwoche fünfmal durchgeführt. Außerdem sind die Ausgänge der Experimente unabhängig voneinander: wenn der DAX an einem Tag im Plus geschlossen hat, so sagt das nichts über Plus oder Minus am nächsten Tag. Siehe dazu auch den Stichwortartikel „Aktienkurse". Damit liefert uns die Formel die eingangs angegebenen Wahrscheinlichkeiten; diese stimmen auf lange Sicht fast perfekt mit den empirisch gefundenen relativen Häufigkeiten überein.

Genauso findet man die Wahrscheinlichkeiten, beim dreimaligen Würfeln keine, eine, zwei oder drei Sechsen zu erzielen, oder dass eine Familie mit fünf Kindern ein, zwei, drei, vier, fünf oder überhaupt kein Mädchen hat. Man braucht allein die Wahrscheinlichkeit, dass das fragliche Ereignis bei einem „Versuch" eintritt, und die Anzahl der Versuche, den Rest liefert die Formel für die Binomialverteilung.

Bruttosozialprodukt

Das Bruttosozialprodukt ist die Summe aller in einem Jahr in einem Land produzierten Güter und Dienstleistungen: Autos, Waschmaschinen, Damenunterwäsche; Äpfel, Birnen, Zuckerrüben; Violinkonzerte, Kopfmassagen, Taxifahrten – das ganze unermessliche Spektrum an industriellen und landwirtschaftlichen Produkten, an Wohltaten und Handreichungen, welches fleißige Hände und Köpfe in einem Land in einem Jahr erzeugen.

Diese Aufzählung zeigt sofort, wie schwer es ist, diesen im Grundsatz doch recht einfachen Begriff mit Leben zu erfüllen. Da ist zunächst der sprichwörtliche Vergleich der Äpfel mit den Birnen: Bauer A erzeugt drei Tonnen Äpfel,

Bauer B vier Tonnen Birnen. Wer war fleißiger, bzw. wer hat mehr erzeugt?

In den Ostblockstaaten nahm man früher oft tatsächlich das Gewicht. Die Nachteile sind aber nur zu offensichtlich, wie die traurige Historie der russischen Schraubenfabriken zeigt: Die hatten zwecks Maximierung der Tonnage gerne Riesenschrauben produziert. Uhrmacherschrauben waren lange Zeit im Ostblock praktisch nicht zu haben.

Einen besseren Vergleich erlaubt der Preis: Wenn eine Tonne Äpfel 2000 Euro kostet und eine Tonne Birnen 1000 Euro, dann hat Bauer A für 6000 Euro und Bauer B für 4000 Euro Güter produziert – Bauer A war produktiver. Und genau so kommt auch das Sozialprodukt zustande – durch die Bewertung aller Güter mit dem Preis.

Das ist durchaus sinnvoll, wenn die Preise an einem freien Markt entstehen, also die Wertschätzung der Menschen widerspiegeln. Wenn Äpfel knapper und teurer sind als Birnen, dann sind Äpfel auch mehr „wert“. Werden aber die Preise so wie Friedhofs- oder Müllabfuhrgebühren von Behörden einfach festgesetzt, ist diese Vorgangsweise nicht korrekt – je teurer die Müllabfuhr, desto höher das Sozialprodukt.

Noch bedenklicher ist, dass damit alle Güter und vor allem Dienstleistungen wie etwa die gesamte Arbeit unserer Hausmänner und Hausfrauen, aber auch die Früchte der Schwarzarbeit unberücksichtigt bleiben, für die es keine „offiziellen“ Preise gibt. So kommt das Uralt-Beispiel von dem Statistik-Professor zustande, der seine Haushaltshilfe nur deshalb nicht heiratet, weil dann das Sozialprodukt schrumpft. Insgesamt wäre das deutsche Bruttosozialprodukt um 30 bis 40 Prozent größer, würden alle diese bislang ignorierten Dienstleistungen von Hausmännern und Hausfrauen, Nachhilfelehrern, Hobbygärtnern und Schwarzarbeitern mitgezählt.

Zumindest in Italien und Großbritannien hat man inzwischen, wenn auch noch recht zögerlich, mit dem offiziellen Mitzählen von Schattenwirtschaft und Schwarzarbeit begonnen – dort zählen seit kurzen die Dienste der Prostituierten wie auch die Einkünfte der Drogenhändler zum Sozialprodukt. Dieses stieg dadurch in England pro Jahr um 10 Milliarden Pfund. Auch die Schweiz und Österreich zählen inzwischen die käufliche Liebe zum Sozialprodukt.

Nach den internationalen Richtlinien für die Berechnung des Sozialproduktes ist das völlig korrekt. Demnach gehören alle wirtschaftlichen Aktivitäten, in denen eine Zahlung freiwillig erfolgt, zum Sozialprodukt. Die Gewinne der Mafia zählen also derzeit noch nicht dazu.

Ein weiterer Pferdefuß bei der Ermittlung der Produktion sind die sogenannten „Vorleistungen". Wenn Bauer C, um 10 Tonnen Weizen zu erzeugen, eine Tonne Saatgut braucht, hat er netto nur 9 Tonnen produziert. Solche Vorleistungen werden nur sehr unzulänglich aus dem Bruttosozialprodukt herausgerechnet. So debattieren Experten schon seit Jahrzehnten, ob nicht große Teile der Staatsproduktion, wie die Ausgaben für Strafvollzug, Armee und Feuerwehr, nicht besser als Vorleistungen zum Funktionieren des Sozialsystems zu sehen und damit abzuziehen seien. Denn ein Gefängnis und einen Gefängniswärter bezahlen wir doch nicht wegen ihrer selbst, das sind notwendige Übel, um die Produktion der eigentlich gewollten Güter zu ermöglichen. Nach aktueller Praxis zählen solche Staatsausgaben aber voll zum Sozialprodukt, d. h. je krimineller die

Bürger eines Landes, desto höher die Ausgaben für Justiz und Strafvollzug und desto höher das Sozialprodukt.

Offiziell herausgerechnet werden aber die Abschreibungen, d. h. die bei der Erzeugung des Bruttosozialprodukts verbrauchten Investitionsgüter. Das Ergebnis ist das sogenannte „Nettosozialprodukt". Als technische Marginalie kommt hier noch hinzu, dass im deutschen Bruttosozialprodukt auch alle von Deutschen in Hongkong oder Australien erzeugten Güter und Dienstleistungen mitzählen. Stellt man dagegen auf die in Deutschland, egal ob von Deutschen oder Ausländern erzeugten Güter ab, erhält man das von den Experten bevorzugte sogenannte „Bruttoinlandsprodukt".

Chaos

Chaos meint in der Statistik etwas anderes als im Alltagsleben. Da herrscht Chaos im Wohnzimmer, wenn der Kindergeburtstag vorüber ist. Chaos in der Statistik meint dagegen, dass sich zukünftige Werte einer mit der Zeit variierenden Variablen schon bei minimaler Änderung der Ausgangsbedingungen extrem verändern. Das ist der berühmte Schmetterling am Amazonas, dessen Flügelschlag einen Monat später einen Tornado in Australien erzeugt. Wäre er dagegen auf seiner Blume sitzen geblieben, hätte es den Tornado nie gegeben.

Das Ganze lässt sich auf verschiedene Weisen formalisieren. Nehmen wir eine Folge von Zahlen zwischen 0 und 1000, die sich aus der vorangehenden Zahl wie folgt ergeben:

- Falls alte Zahl kleiner oder gleich 500: Neue Zahl = Doppelte der alten Zahl.
- Falls alte Zahl größer 500: Neue Zahl = 2000 minus Doppelte der alten Zahl.

Die so erzeugten Zahlen liegen also per Konstruktion immer zwischen 0 und 1000. Fangen wir mal bei 400 an. Die nächste Zahl ist das Doppelte davon, also 800. Die übernächste Zahl ist 2000 minus das Doppelte von 800, also wieder 400. Und so oszilliert das immer weiter fort.

Jetzt beginnen wir nicht bei 400, sondern bei 430. Die nächste Tabelle zeigt die Ergebnisse der ersten zehn und ausgewählter weiterer Iterationen. Auch hier wird das Ganze irgendwann periodisch, nur ist die Periode etwas länger. Ebenfalls angegeben ist eine Spalte rechts davon die Folge, die bei einem Anfangswert von 430,001 entsteht. Wie man bei so nahe benachbarten Startwerten erwarten sollte, bleiben die beiden Folgen (die sogenannten „orbits") wie Geschwister zunächst eng beisammen. Dann aber streben sie, zunächst kaum merkbar, dann aber immer drastischer auseinander, und ab Iteration Nr. 50 etwa haben sie nichts mehr miteinander zu tun.

Eine chaotische und eine nichtchaotische Datenreihe mit (fast) identischen Startwerten

Iteration Nr.	430	430,001
1	860	860,002
2	280	279,996
3	560	559,992
4	880	880,016

5	240	239,968
6	480	479,936
7	960	959,872
8	80	80,256
9	160	160,512
10	320	321,024
.	.	.
.	.	.
187	480	59,2640
188	960	118,528
189	80	237,056
190	160	474,112
191	320	948,224
192	640	103,552
193	720	207,104
194	560	414,208
195	880	828,416
196	240	343,168
197	480	686,336
198	960	627,328
199	80	745,344
200	160	509,312

Eine minimale Variation der Ausgangsbedingungen erzeugt also große Diskrepanzen in der Zukunft. Auch die zweite Folge wird übrigens irgendwann periodisch. Denn sie bleibt per Konstruktion immer zwischen null und 1000, mit drei Dezimalstellen. Und irgendwann (spätestens nach einer Million Iterationen, so viele wie es Zahlen zwischen 0 und 1000 mit drei Dezimalstellen gibt) erzeugt der Algorithmus eine Zahl, die schon mal dagewesen ist. Ab da wiederholt sich alles. Ist dagegen der Startwert eine irrationale Zahl, d. h. eine Dezimalzahl mit unendlich vielen Stellen, kommen keine Perioden vor. Oft reserviert man das Wort Chaos auch für Folgen dieser Art.

Chartanalyse

Die Zukunft zu lesen gehört zu den ältesten Menschheitsträumen überhaupt. Die Chartanalyse verspricht die Erfüllung dieses Traumes an der Börse. Sie unterstellt, dass Kursreihen oft gewissen Mustern folgen, wenn man diese früh genug erkenne, könne man den weiteren Kursverlauf vorherbestimmen. Solche Muster wie „Flaggen", „Wimpel" oder „Keile" (entsprechend den durch die Begrenzungslinien der Kursdiagramme gebildeten geometrischen Figuren) oder die bekannten „Kopf-Schulter-", „V-" oder „M-Formationen" würden tendenziell von immer gleichen Kursverläufen gefolgt (eine Kopf-Schulter-Formation z. B. von einem Kursverfall), ein rechtzeitiges Erkennen solcher Muster ließe sich daher für Prognosen nutzen.

Was aber tut der Börsianer, der alles dieses weiß? Und auch daran glaubt? Er kauft, wenn ein Muster Gewinn verspricht, und verkauft, wenn ein Muster einen Verlust pronostiziert. Tun das viele, steigt bzw. fällt der Preis, und zwar sofort. In beiden Fällen kommt die erhoffte künftige Entwicklung viel zu früh. Gerade das Bemühen der Chartisten, ihre vermeintliche Kenntnis der Zukunft auszunutzen, macht ebendiese Zukunft zunichte.

In einem effizienten Markt – und Kapitalmärkte sind in aller Regel effizient – kümmern sich die Kurse risikobehafteter Wertpapiere nicht um die Vergangenheit; sie rollen das Weltgeschehen quasi aus der Zukunft auf (siehe auch den Stichwortartikel „Aktienkurse"): Ein Investor, der ein Wertpapier zu einem „korrekten" alias „fundamental gerechten" Preis erwerben will, fragt nicht danach, was das Papier vor einem Tag oder vor einem Jahr gekostet hat; er will wissen, was das Papier ein Jahr später kosten *wird*. Für die Börse zählt allein die Zukunft; sie schaut wie ein Steuermann im Nebel nur nach vorne, nie zurück, sie ändert ihren Kurs in aller Regel nur dann, wenn aus diesem Nebel neue, bis dato unbekannte Fakten sichtbar werden.

Ob ein DAX von 9500 den rationalen Investor zum Kaufen oder Verkaufen animiert, ist nach dieser Sicht der Dinge völlig unabhängig davon, wie der DAX dahin gekommen ist. Ob von 10.500 auf 9500 fallend, oder von 9000 auf 9500 steigend, spielt für die Kauf- bzw. Verkaufsentscheidung und damit für den weiteren Verlauf des Kurses keine Rolle (die sogenannte „Markov-Eigenschaft" von Aktienkursen).

Wetterprognosen berühren das aktuelle Wetter nicht. Kursprognosen dagegen berühren die aktuellen Kurse sehr direkt. Wer heute glaubt, dass die Deutsche Bank an Weihnachten auf 50 Euro steht, wird aktuell rund 48 Euro dafür zahlen (künftiger Preis minus risikoadjustierte Verzinsung). Und dieses Festmachen der aktuellen Kurse an der erwarteten Zukunft bewirkt, dass *Änderungen* in diesen aktuellen Kursen nur bei geänderten Erwartungen geschehen. Da diese Änderungen in den Erwartungen aber definitionsgemäß nur unerwartet kommen können, sind auch die Änderungen in den Kursen unerwartet, und weder durch Chart- noch sonstige Analysen systematisch vorherzusagen. Auch wenn der eine oder andere Chartist so wie im Lotto einmal einen Treffer landet, das Gewerbe der Kurvenleser insgesamt kann seine Meister nicht ernähren, und systematische Treffer bei Kursprognosen sind so häufig wie systematische Hauptgewinne in der Lotterie.

Chartjunk

Das Wort „chartjunk" (auf Deutsch am besten „Grafikmüll") geht auf den amerikanischen Statistiker Edward Tufte zurück. Sein wunderschönes Buch „The Visual Display of Quantitative Information" ist jedem Liebhaber von Datengrafiken nur mit Nachdruck zu empfehlen. Darin definiert Tufte diejenigen Teile einer Grafik als Chartjunk, die zu einer Botschaft nichts beitragen, also problemlos wegzulassen sind, sozusagen unnötiger Tand. So sollten etwa in Kurvendiagrammen die Kurven, nicht die Gitterlinien oder Skalenachsen, unser Auge auf sich ziehen:

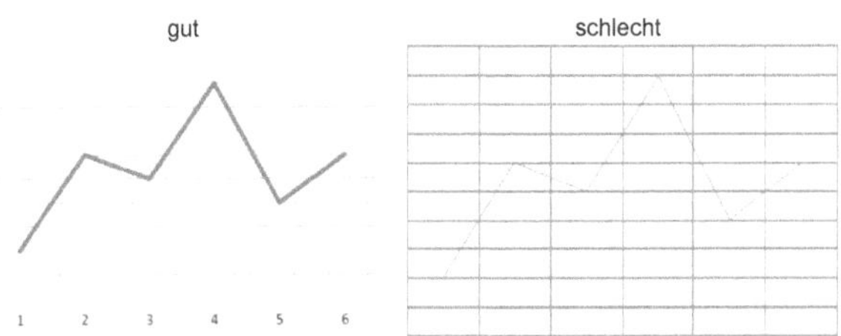

Die größte Masse an Chartjunk produzieren aber wohl 3D-Darstellungen von zweidimensionalen Sachverhalten, die mit der Verbreitung entsprechender Rechnerprogramme wie die Pest über die grafische Datenübermittlung eingefallen sind. Die beiden nächsten Grafiken habe ich einmal selbst mit einem derartigen Programm erstellt. Das lässt den Benutzer sogar die Perspektive variieren. Informationsgehalt = 0. Da denkt man voller Wehmut an den guten alten William Playfair zurück, den Erfinder der Datengrafik, der seine Diagramme noch von Hand gezeichnet hat.

Zwei Beispiele für Chartjunk: Die dritte Dimension und erst recht die perspektivische Verzerrung tragen nichts zur Informationsvermittlung bei, ja sie verhindern sie sogar

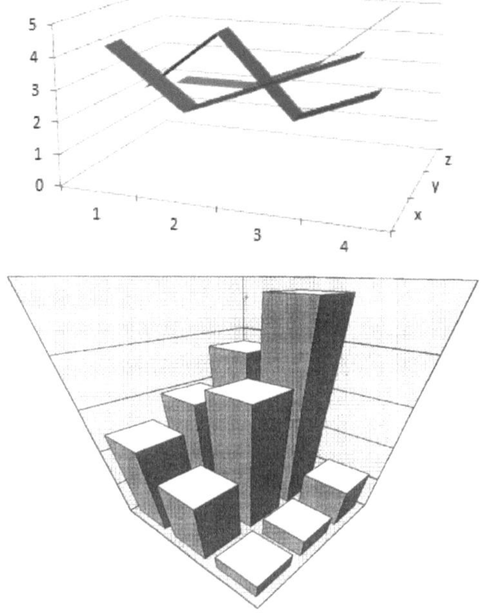

Datenschutz

Datenschutz ist zunächst einmal ein juristisches und kein statistisches Problem. Wer was wann wo und wie über seine Mitmenschen an Daten sammeln, speichern und verbreiten darf, regelt das Bundesdatenschutzgesetz. Zu einem statistischen Problem wird der Datenschutz immer dann, wenn Bürger per Gesetz der amtlichen Statistik zur Auskunft verpflichtet sind. Dieser Verpflichtung der Bürger zur Hergabe der Daten steht eine genauso ernst zu nehmende Verpflichtung der Amtsstatistik zu deren Geheimhaltung gegenüber. Man kann unbesorgt sein wahres Einkommen angeben, das Finanzamt erfährt davon nichts.

Diese Pflicht zur Geheimhaltung wird aber immer dann zur Last, wenn die Wissenschaft mit diesen Daten arbeiten will. Diese sollen ja nicht nur der Regierung bei der Verwaltung, sie sollen auch der Wissenschaft bei der Erforschung unserer wirtschaftlichen und sozialen Lebenswelten helfen. Was bewirkt das neue Elterngeld? Welche Frauen oder Männer bleiben deshalb außerhalb des Arbeitsmarkts, welche Kinder gehen deshalb nicht in Krippen? Welche Persönlichkeitsmerkmale determinieren die Dauer des Hartz-IV-Bezugs? Verdienen Katholiken weniger als Protestanten, usw. Hier stellt sich das Problem, dass aus den Daten der Amtsstatistik nicht auf die zugrunde liegenden Individuen oder Firmen zurück geschlossen werden darf. Dazu reicht es auf keinen Fall, die Namen der betroffenen Personen oder Firmen zu verschweigen. Wenn etwa in einem Landkreis nur ein Chemiebetrieb existiert, dann weiß jeder Interessierte bei der Meldung: „Im Landkreis X hat die Beschäftigung der Chemieindustrie um z% abgenommen" sofort, welche Firma dahinter steckt. Deswegen bestückt die Amtsstatistik grundsätzlich keine Tabellenfelder, hinter denen weniger als vier Datenlieferanten stehen.

Die Wissenschaft will aber mehr als solche Tabellen, sie will die Originaldaten, die sogenannten „Mikrodaten" selbst. Und hier wird die Anonymisierung zu einem echten Problem. Erste Lösungsmöglichkeit: Die Namen und ausgewählte sonstige Identifikationsmerkmale werden durch Pseudonyme ersetzt. Das heißt auch „Pseudonymisierung". Und davon evtl. auch nur eine Stichprobe. Zweite Möglichkeit: Vergröberung. Merkmale wie Alter oder Einkommen gibt es nur in 5-Jahresintervallen (Alter) oder auf 10.000 gerundet (Jahreseinkommen). Und davon evtl. auch nur eine Stichprobe. Dritte Möglichkeit: Zufälliges „Verrauschen": Kritische Merkmale gibt es nicht korrekt, sondern mit einem Zufallsfehler obendrauf. Und noch einige andere Verfahren mehr. Gemeinsam ist allen, dass sich aus den so anonymisierten Daten immer noch wissenschaftliche Erkenntnisse gewinnen lassen. Zwar nicht ganz so lupenrein wie aus den Originaldaten, aber als Kompromiss zwischen dem Persönlichkeitsschutz des Einzelnen und dem Erkenntnisdrang der Allgemeinheit eine gute Sache.

DAX

Der deutsche Aktienindex DAX ist der Vater einer großen Familie. Dazu gehören der M-DAX, der S-DAX, der Öko-DAX und der TecDax, von der ausländischen Verwandtschaft ganz zu schweigen (Dow Jones, S+P 500, Euro-Stoxx

50, Nikkei, FTSE, CAC 40 usw.). Allen ist gemeinsam, dass sie auf die eine oder andere Weise den Wert einer Kapitalanlage in Aktien messen. Der DAX nimmt dazu 30 große deutsche Aktiengesellschaften, und sagt, was diese aktuell zusammen an der Börse kosten. Diese Zahl, geteilt durch den entsprechenden Wert am 30.12.1987 und mit 1000 malgenommen, ist der DAX.

Am 30.12.1987 stand der DAX damit bei 1000. Seinen seitherigen Höchststand von fast 11.000 hatte er im Februar 2015. Das heißt, die im DAX vertretenen Firmen, hätte man sie komplett an der Börse kaufen wollen, kosteten im Februar 2015 elfmal mehr als zum Jahresende 1987.

Oder fast. Denn von den 30 Gründungs-Gesellschaften waren 15, also die Hälfte, im Juni 2014 schon nicht mehr dabei: Bayrische Hypobank, Bayrische Vereinsbank, Degussa, Deutsche Babcock, Dresdner Bank, Feldmühle Nobel, Hoechst, Karstadt, MAN, Mannesmann, Nixdorf, Schering, VEBA und VIAG. Diese AGs waren wegen sinkender Bedeutung, Übernahmen oder Fusionen ausgeschieden. An ihre Stelle traten Adidas, Beiersdorf, Deutsche Börse, Deutsche Post, Fresenius Medical Care, Fresenius, Heidelberg Cement, Infineon, Kali und Salz, Lanxess, Merck, Munich Re, SAP, E.ON (im Wesentlichen ein Zusammenschluss von VEBA und VIAG) oder die Deutsche Telekom. Dergleichen Tauschaktionen finden jährlich einmal, am dritten Freitag im September, statt. Ab dann rechnet man im Zähler des DAX mit den neuen Gesellschaften weiter. Der Nenner, also der Wert zum Jahresende 1987, bleibt unverändert. Damit dieser Wechsel keinen Bruch im Index erzeugt, kommt noch ein Korrekturfaktor hinzu, der dafür sorgt, dass der DAX am Umstellungstag mit den neuen Gesellschaften den gleichen Wert annimmt wie mit den alten. Korrekt ist also ein DAX von 10.000 so zu lesen: Hätte ich Ende 1987 mit den damaligen DAX-Werten begonnen, und bei jedem Wechsel die aussortierten Werte verkauft und den Erlös in Aktien der neuen investiert, wäre der Wert des Depots auf das zehnfache gestiegen.

Kleinere Korrekturen an dieser einfachen Formel betreffen Dividendenzahlungen oder Kapitalerhöhungen. Diese reduzieren zwar den Kurs, nicht aber den Wert des eingesetzten Kapitals (denn der Aktienbesitzer hat ja seine Dividende oder sein Bezugsrecht, und keinerlei Verlust erlitten). Um scheinbare Entwertungen durch einen Dividendenabschlag oder eine Kapitalerhöhung aufzufangen, werden auch die Kurse selbst das Jahr über noch mit neutralisierenden Korrekturfaktoren malgenommen. Bei einem Dividendenabschlag von einem Prozent hat dieser Faktor etwa den Wert 1,01. Bei der jährlichen Generalbereinigung im September werden diese Korrekturfaktoren wieder auf 1 zurückgesetzt. Ganz korrekt sagt also ein DAX von 10.000: Hätte ich Ende 1987 mit den damaligen DAX-Werten begonnen, bei jedem Wechsel die aussortierten Werte gegen die neuen getauscht, und bei jeder Dividendenausschüttung oder Bezugsrechtausgabe diese Mittel wieder in die jeweiligen Aktien investiert (unter Börsianern heißt das auch „Operation blanche"), so wäre der Wert meines Depots auf das zehnfache gestiegen.

Und das will doch was heißen, oder?

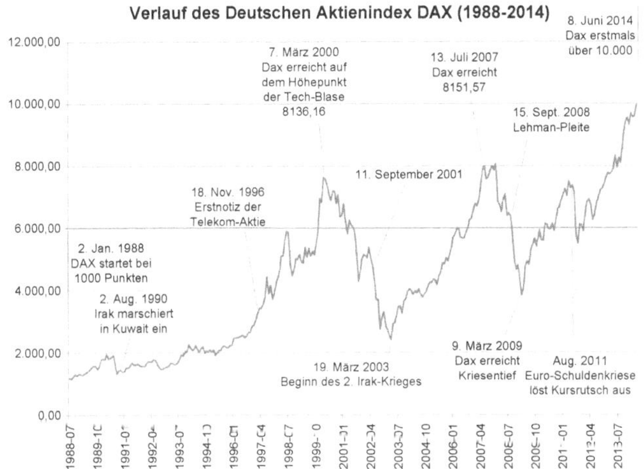

Dow-Jones

Der Dow-Jones – korrekt: der „Dow Jones Industrial
Average" oder DJIA – ist ein Aktienindex wie der DAX,
funktioniert aber anders. Er existiert seit dem 25. Mai des
Jahres 1896. Damals war Charles Henry Dow, Mitinhaber
und Geschäftsführer der Firma Dow, Jones & Company,
gerade von der Wall Street zurück in sein Büro gekommen. Auf einem Zettel hatte er die Schlusskurse der zwölf
wichtigsten Industrieaktien notiert: American Cotton Oil,
American Sugar, American Tobacco, Chicago Gas, Distil-
ling and Cattle Feeding, General Electric, Laclede Gas,
National Lead, NorthAmerican, Tennessee Coal and Iron,
U.S Leather und U.S. Rubber. Gesamtpreis (bei je einer
Aktie pro Firma): 491 Dollar und 28 Cent. Das Ganze

geteilt durch 12 ergab die Zahl 40,94, und diese Zahl, das gewöhnliche arithmetische Mittel der zwölf Kurse, war der erste Wert des Dow Jones Aktienindex'. Am nächsten Tag druckte ihn Henry Dow in seinem „Wall Street Journal" ab.

Und so geschieht es auch noch heute. Der Dow Jones ist nichts anderes als ein ganz gewöhnliches arithmetisches Mittel von ausgewählten Aktienkursen. Seine Popularität verdankt er seinem Alter und einem einfachen, aber genialen Trick. Und zwar einer Methode, gewisse für die Wertentwicklung eines Aktiendepots unmaßgebliche Kursveränderungen aus dem Index herausrechnen. Angenommen etwa, eine Aktiengesellschaft begibt für jede alte Aktie zwei neue. Das heißt auch „Kapitalerhöhung aus Gesellschaftsmitteln". Am Wert der Gesellschaft ändert sich durch diese Kapitalerhöhung nichts. Es gibt nur doppelt so viele Aktien wie vorher, also sinkt deren Kurs auf die Hälfte.

Es wäre irreführend, würde daraufhin der Index fallen. Denn der Wert der Anlage ist ja gleich geblieben. Beim DAX wird ein so begründeter Kursverfall mit einem Bereinigungsfaktor wieder ausgeglichen. Der Dow Jones verfährt anders. Angenommen, wir haben zwei Aktien, eine mit einem Kurs von 8, die andere mit einem Kurs von 12. Nach der Standardformel ergibt das einen Indexwert von 10. Jetzt gibt die zweite Firma für jede alte Aktie zwei neue aus. Darauf fällt deren Kurs auf 6. Nach der Standardformel ergäbe das einen Aktienindex von 7. Das ist unerwünscht. Erwünscht ist ein Index von 10 – der gleiche Wert wie vor der Kapitalerhöhung. Der Wert der Anlage ist schließlich unverändert. Und jetzt kommt der Geistesblitz von Henry Dow: Teile 8 + 6 = 14 nicht durch 2, sondern durch 1,4. Oder anders ausgedrückt: Passe den Nenner dergestalt an die bewertungsirrelevante Kursentwicklung an, dass der Wert des Index' unverändert bleibt. Und rechne hinfort mit dem neuen Nenner weiter.

Der gleiche Trick funktioniert auch dann, wenn eine Firma aus dem Index herausfällt oder eine neue aufgenommen wird. Heute enthält der Dow Jones nicht mehr 12, sondern 30 Werte, von den ersten ist allein General Electric noch dabei. Kommt eine neue Gesellschaft hinzu, oder fällt eine alte heraus, wird ebenfalls der Nenner angepasst. Und zwar so, dass vorher und nachher der gleiche Indexwert entsteht. Wegen dieser ständigen Anpasserei ist der Nenner des Dow Jones nicht mehr 12, so wie am 25. Mai des Jahres 1896, sondern inzwischen kleiner als 1. Die genaue Zahl ist jeden Tag im Wall Street Journal nachzulesen. Mit dieser Zahl, und der Summe der 30 im Dow Jones vertretenen Aktienkurse, kann sich jeder den Index zuhause mit einem Blatt Papier und einem Bleistift selbst berechnen.

Epidemiologie

Die Epidemiologie spürt Risiken für die Gesundheit auf; sie hat ihren Namen von griechisch „Epidemos" – „was [von außen] über das Volk kommt". Ihr verdanken wir Schlagzeilen wie „Radeln macht impotent", „Dümmer durch Urlaub", „Lange Flüge schaden dem Gedächtnis", „Dienstreisen machen krank", „Überstunden machen krank", „Schlechte Vorgesetzte machen krank", „Alte Papas machen krank", „Herzinfarkt durch Zahnfleischbluten", „Pessimisten sterben früher", „Karrierefrauen haben Haarausfall", „Schnuller als IQ-Killer" (eine englische Studie hatte herausgefunden, dass Säuglinge, die länger als ein Jahr am Schnuller saugen, später einen um drei Punkte reduzierten Intelligenzquotienten haben), oder „Herzinfarkt durch Mittagsschlaf": Da hatten Forscher aus Costa Rica festgestellt, dass Menschen, die regelmäßig länger als 90 Minuten mittags schlafen, ein um 50 % erhöhtes Risiko tragen, an Herzinfarkt zu sterben.

Das Muster dieser Studien ist immer das gleiche: Man hat eine Gruppe von Menschen mit einem bestimmten Gesundheitsproblem, sei es Haarausfall, Arthritis, Blutkrebs oder Herzinfarkt, und eine andere Gruppe ohne dieses Problem. Und dann wird untersucht, worin sich diese Gruppen sonst noch unterscheiden (sogenannte „Beobachtungsstudien"). Auf diese Weise, indem man feststellte, dass Menschen, die an Lungenkrebs erkrankten, zu großen Teilen Raucher waren, oder dass Männer mit dem seltenen Mesoteliom, einer früher fast unbekannten Bauchfellverhärtung, häufig mit Asbest gearbeitet hatten, hat die Epidemiologie tatsächlich wichtige Verbindungen zwischen Krankheitsursachen und Krankheiten geklärt. Auch die Entdeckung des Zusammenhangs zwischen Vitaminmangel und Skorbut ist eine der frühen Erfolgsgeschichten dieser Wissenschaft.

Daneben gibt es aber auch Falschmeldungen zuhauf, wie vermutlich die meisten der oben angeführten. Denn nicht immer werden alle möglichen Einflussfaktoren tatsächlich auch erfasst. Beispiel: „Zu langes Stillen erhöht das Risiko für Karies": Nach einer Studie der Universität Gießen sollen Kinder, die über das erste Lebensjahr hinaus gestillt werden, öfter als andere an Karies erkranken. Aber vielleicht werden diese Kinder auch mehr als andere mit Süßigkeiten verwöhnt, oder die Eltern achten weniger als bei anderen

Kinder auf das Zähneputzen, oder diese Kinder haben seltener beruflich erfolgreiche Frauen als Mütter, die mehr Geld in die Gesundheitserziehung ihrer Kinder investieren. Oder, oder, oder.

Selbst bei eindeutig nachweisbaren Einflussgrößen, wie etwa beim Rauchen als Verursacher von allen möglichen Beschwerden, können solche Hintergrundfaktoren das Bild verfälschen. Denn nicht alle Lebensjahre, welche die Raucher im Durchschnitt im Vergleich zu Nichtrauchern verlieren, verlieren sie durch Rauchen. Z. B. werden Raucher auch häufiger als Nichtraucher ermordet oder vom Bus überfahren. Und zwar aus dem gleichen Grund, aus dem sie auch so gerne rauchen: Weil sie risikofreudigere Menschen sind. Psychologen sprechen hier auch von der „Raucherpersönlichkeit": Diese Menschen sind im Durchschnitt aktiver und aggressiver, sie lieben das Risiko, und schlagen Warnungen vor Gefahren gerne in den Wind. Das Rauchen als solches hätte also mit dem frühen Sterben nicht unbedingt zu tun; rund ein bis zwei Jahre der verminderten Lebenserwartung von Rauchern gehen auf andere Gründe als das Rauchen zurück.

Erwartungswert

Die Bedeutung des Erwartungswertes versteht man am schnellsten über ein Experiment. Sie haben doch sicher einen Würfel? Dann werfen Sie ihn doch einige Male. Jedes Mal fällt eine der Zahlen 1 bis 6. Welche, weiß man vorher nicht. Aber wenn Sie das sehr oft machen, würfeln Sie im Durchschnitt die Zahl 3,5. Totsicher.

Wer es nicht glaubt: ausprobieren.

Diese 3,5 ist der Erwartungswert der gewürfelten Augenzahl. Ganz allgemein ist der Erwartungswert einer Zufallsvariablen der mittlere Wert (im Sinne des arithmetischen Mittels), der sich bei einer wachsenden Zahl an Versuchen einstellt. Oder etwas wasserdichter formuliert: Mit wachsender Zahl der Versuche kommt das arithmetische Mittel dem Erwartungswert beliebig nahe.

Definiert ist der Erwartungswert aber anders. Bei Zufallsvariablen mit endlich vielen Ausprägungen, die wie beim Würfeln auch noch alle gleich wahrscheinlich sind, ist der Erwartungswert gerade das normale arithmetische Mittel dieser Ausprägungen:

$$(1 + 2 + 3 + 4 + 5 + 6)/6 = 3{,}5$$

Sind die Ausprägungen nicht alle gleich wahrscheinlich, so ist der Erwartungswert das *gewichtete* arithmetische Mittel aller möglichen Werte (siehe auch den Stichwortartikel „gewichtete Mittelwerte"). Die Gewichte sind dabei die jeweiligen Wahrscheinlichkeiten. Angenommen etwa, wir würfeln zweimal, und notieren jedes Mal das Maximum. Was ist davon der Erwartungswert?

Die möglichen Werte sind wie gehabt 1, 2, 3, 4, 5, 6. Aber die Wahrscheinlichkeiten sind jetzt anders, sie betragen: Für die 1: 1/36. Für die 2: 3/36. Für die 3: 5/36. Für die 4: 7/36. Für die 5: 9/36. Und für die 6: 11/36. Das kann man leicht verifizieren, indem man nachzählt, auf wie viele verschiedene Weisen etwa ein Maximum von 6 entstehen kann. Das ist auf 11 verschiedene Arten möglich: (1,6), (2,6), (3,6), (4,6), (5,6), (6,6,), (6,5), (6,4), (6,3), (6,2), (6,1). Insgesamt gibt es 36 Möglichkeiten beim zweimaligen Würfeln, also ist die Wahrscheinlichkeit für einen Maximalwert 6 genau 11/36. und genauso findet man auch die Wahrscheinlichkeiten für die Maximalwerte 1, 2, 3, 4 und 5 (der Maximalwert 1 zum Beispiel entsteht nur dann, wenn zweimal die 1 gewürfelt wird, die Wahrscheinlichkeit dafür ist 1/36.). Daraus folgt ein Erwartungswert des Maximums beim zweimaligen Würfeln von

$$(1/36) \cdot 1 + (3/36) \cdot 2 + (5/36) \cdot 3 + (7/36) \cdot 4$$
$$+ (9/36) \cdot 5 + (11/36) \cdot 6 = 161/36 = 4{,}47.$$

Wer es nicht glaubt: Auch hier hilft wieder ausprobieren.

Auch Zufallsvariablen mit unendlich vielen Ausprägungen haben Erwartungswerte. Die Formeln sollen hier nicht weiter interessieren. Worauf es ankommt: Auch wenn bei keinem einzigen Versuch das Ergebnis vorher feststeht, bei sehr vielen Versuchen steht das Ergebnis im Durchschnitt sehr wohl vorher fest. Das ist das Gesetz der großen Zahl: Von abartigen Ausnahmen abgesehn, konvergiert dieser Durchschnitt immer gegen den Erwartungswert.

Exponentielles Glätten

In vielen Lebenslagen ist die Prognose für morgen „Es bleibt alles so wie heute" nicht die schlechteste. Beim Wetter liegt man so in mehr als der Hälfte aller Fälle richtig. Der Stichwortartikel „Trendextrapolation" geht darauf noch näher ein.

Nur wenig anspruchsvoller ist die Prognose: „Es bleibt alles wie gehabt, plus eine kleine Differenz". Und diese kleine Differenz hängt davon ab, wie sehr die Prognose für heute danebengelegen hat. War etwa meine Prognose für die heutige Mittagstemperatur zwei Grad zu hoch, so werde ich vorsichtig: Als Prognose für morgen nehme ich die heutige Temperatur, minus einen gewissen Prozentsatz dieser Übertreibung. War meine Prognose für heute dagegen zu niedrig, so werde ich optimistisch und nehme als Prognose für morgen die heutige Temperatur, plus einen gewissen Prozentsatz dieser Unterschätzung obendrauf. Je nach Höhe dieses Prozentsatzes wird also die Trivialprognose: „Es bleibt alles wie gehabt", mehr oder weniger nach oben oder unten angepasst. Dieser Vorgang heißt auch exponentielles Glätten. In der Intensivmedizin oder in der industriellen Qualitätskontrolle gehört er zum Standard-Handwerkszeug.

Der Prozentsatz des aktuellen Prognosefehlers, den ich für die Prognose für morgen auf den aktuellen Wert noch draufsattle (bei Unterschätzung) oder vom aktuellen Wert noch abziehe (bei Überschätzung), heißt auch Glättungsparameter. Er liegt zwischen 0 % und 100 % und ist vom Anwender zu wählen. Für den einen Extremfall 0 % liefert das exponentielle Glätten als Prognose für morgen gerade den aktuellen Wert, die Prognose folgt also der tatsächlich beobachteten Reihe, wenn auch verzögert, exakt nach. Damit sind niedrige Glättungsparameter immer dann opportun, wenn die zugrundeliegende Zeitreihe sehr stark schwankt: man bleibt mit der Prognose immer in der Nähe. Für den anderen Extremfall von 100 % liefert das exponentielle Glätten als Prognose für morgen exakt die Prognose für heute. Die Prognose hängt also kaum vom aktuellen

Wert der Reihe ab. Damit sind große Glättungsparameter angezeigt, wenn die zugrundeliegende Reihe nur wenig variiert.

Das Ganze heißt „Exponentielles Glätten", weil die so produzierte Prognose sich auch als gewichtetes arithmetisches Mittel, mit exponentiell abnehmenden Gewichten, aller vergangenen Werte schreiben lässt.

Fehlende Werte

Der größte Teil der Statistik befasst sich mit Dingen, die man sieht, misst und erfasst. Aber oft noch wichtiger sind die Dinge, die man nicht sieht und deshalb auch nicht misst und nicht erfasst. In der Statistik firmiert das als Problem der fehlenden Werte („missing values"). Solche Lücken können auf vielfache Weise entstehen: Bei Umfragen beantworten die Befragten gewisse Fragen einfach nicht, jemand hat bei der Dateneingabe geschlampt, die Objekte einer Untersuchung sind nicht erreichbar oder haben keine Möglichkeit, ihre Eigenschaften zu offenbaren. Das letztere Problem tritt zum Beispiel bei der Entwicklung von Scorekarten in der Kreditvergabe-Praxis auf. Da haben die Banken natürlich ein nachvollziehbares Interesse, aus den Merkmalen der Kreditnehmer Rückschlüsse über Rückzahlwahrscheinlichkeiten zu gewinnen. Üblicherweise werden diese Zusammenhänge aus historischen Erfahrungen geschätzt. Aber in diese historischen Erfahrungen gehen natürlich nur Kreditnehmer ein, die tatsächlich einen Kredit erhalten hatten. Bei den abgelehnten weiß man nicht, wie diese sich verhalten hätten, und das ist ein großes Problem bei der praktischen

Umsetzung solcher Scorekarten-Systeme. Und das Problem der Nichterreichbarkeit kommt immer dann ins Spiel, wenn etwa eine Zeitung ihre Leser fragt, was sie denn in Zukunft besser machen soll. Da sollte sie besser die Nichtleser fragen. Genauso ergibt es wenig Sinn, wenn der Pfarrer in der Kirche schimpft, weil nur so wenige seiner Schäflein zur Messe gekommen sind. Er sollte besser die beschimpfen, die nicht gekommen sind.

Die Statistik kennt ausgefeilte Verfahren, auch diese nichterfassten Daten geeignet zu berücksichtigen. Am einfachsten gelingt das, wenn der Zufall bestimmt, ob ein Objekt fehlt oder nicht („missing at random"). Dann verursachen die fehlenden Werte keine systematischen Fehler. Diese entstehen aber immer dann, wenn das Fehlen mit der interessierenden Variablen zusammenhängt. Der Pfarrer fragt seine Schäflein nach der Messe: War die Predigt gut? Ganz toll, sagen alle, denn diejenigen, die wegen der langweiligen Predigt nicht mehr in die Kirche kommen, sind ja nicht mehr da. Hier wird die Sache diffizil, aber mit fortgeschrittener Statistik kommt man auch hier der Wahrheit auf die Spur.

Und dann gibt es noch ein großes Fundamentalproblem, auf das der Bestsellerautor Nassim Taleb in seinem Buch „Der schwarze Schwan" hingewiesen hat: Wir wissen gar nicht, dass was fehlt. Der amerikanische Verteidigungsminister Donald Rumsfeld hat das einmal das Problem der „unknown unknowns" genannt: Man besetzt mal eben ein renitentes Schwellenland, der CIA sagt: „Wie viele Panzer die haben, weiß man nicht" (das sind die „known unknowns"), und dann stellt sich heraus, dass da aus Russenzeiten auch noch hunderte Flugabwehrraketen lagern, mit denen sämtliche amerikanischen Invasionshubschrauber abgeschossen werden.

In der Statistik sind diese „unknown unknowns", also die Dinge, die man nicht sieht und von denen man noch nicht einmal weiß, dass man sie nicht sieht, vor allem unbekannte Kausalbeziehungen. Sie sind zwar vorhanden, aber man ahnt nichts von ihrer Existenz. So wurden etwa in der Medizinstatistik lange Zeit asphalthaltige Straßenbeläge, Giftgase aus dem Ersten Weltkrieg oder die Spanische Grippe als Verursacher von Lungenkrebs verdächtigt; erst in den 40er Jahren des letzten Jahrhunderts kam man dem Rauchen auf die Spur.

Fehler 1. Art

Wenn ein Richter einen Unschuldigen verurteilt, ist das ein Fehler 1. Art. Er heißt Fehler 1. Art, weil es noch einen weiteren Fehler gibt. Nämlich einen Schuldigen freizusprechen. Das ist dann ein Fehler 2. Art. Man kann nur spekulieren, um wie viel besser unser Sozialwesen funktionieren könnte, wenn diese beiden Fehlerquellen von allen Akteuren als gleichermaßen gefährlich und zu vermeidend angesehen würden.

In der Statistik zählt zunächst einmal der Fehler 1. Art. Der besteht darin, eine korrekte Ausgangshypothese zu Unrecht abzulehnen. So gilt etwa in einem Rechtsstaat jeder Angeklagte bis zum Beweis des Gegenteils als unschuldig. Diese Ausgangsvermutung heißt in Statistik-Sprech auch „Nullhypothese". Typische Nullhypothesen, mit denen Statistiker sich herumzuschlagen haben, betreffen Ausschussanteile in Warenlieferungen, die Wirkungen von Arzneimitteln oder Unterschiede im Intelligenzquotienten zwischen Männern und Frauen. Die politisch korrekte Nullhypothese lautet hier, dass es im Mittel keine Unterschiede gibt.

Ein Fehler 1. Art wiegt in diesen Fällen schwerer als ein Fehler 2. Art. Deshalb sollte man ihn nach Möglichkeit vermeiden. Aber ganz vermeiden lässt er sich nur unter großen Kosten. Natürlich kann ein Richter völlig sicher gehen, nie einen Unschuldigen zu verurteilen – er spricht grundsätzlich alle Angeklagten frei. Aber damit öffnet er alle Türen für den Fehler 2. Art.

Hier einen vernünftigen Ausgleich zu finden, ist eine große Kunst. In der Strafjustiz spricht man gerne von der „an Sicherheit grenzenden Wahrscheinlichkeit", mit der die Schuld des Angeklagten nachgewiesen werden müsse. In die Schreibweise des Fehlers 1. und 2. Art übersetzt, bedeutet das: Sollte der Angeklagte unschuldig sein, können wir zwar nicht todsicher ausschließen, ihn dennoch zu verurteilen, aber die Wahrscheinlichkeit dafür ist minimal. Z. B. ist es niemals völlig auszuschließen, dass zwei Menschen teilweise identische Fingerabdrücke haben. Aber das wird einem vermutlichen Einbrecher, dessen Fingerabdrücke mit denen am Tatort zusammenpassen, wenig nützen. Die Wahrscheinlichkeit, dass ein anderer diese Abdrücke hinterlassen haben könnte, ist so klein, dass der Richter bereit ist, mit dieser Rest-Unsicherheit zu leben.

Die Statistik verfährt hier wie folgt: Man begrenzt zunächst die maximale Wahrscheinlichkeit für einen Fehler 1. Art. In den meisten Anwendungen sind das 5 %. (Vor Gericht in aller Regel erheblich weniger). Diese maximale Wahrscheinlichkeit für einen Fehler 1. Art heißt auch „Signifikanzniveau". Unter dieser Vorgabe ist dann eine Entscheidungsregel zu finden, welche die Wahrscheinlichkeit für einen Fehler 2. Art minimiert.

Je kleiner unter dieser Restriktion die Wahrscheinlichkeit für einen Fehler 2. Art, desto besser eine Entscheidungsregel. Eins weniger diese Wahrscheinlichkeit für einen Fehler 2. Art heißt auch „Güte" einer statischen Entscheidungsregel (auf Englisch power) alias „Signifikanztest". Das sind Regeln, die eindeutig festlegen, ob oder ob nicht auf Grund einer gegebenen Datenlage eine Nullhypothese abzulehnen ist (oder auch nicht). Was man niemals erreichen kann, und deshalb auch gar nicht erst versuchen sollte, ist, beide Fehler völlig zu vermeiden (siehe auch den Stichwortartikel „Signifikanztests").

Fragebögen

Mein liebster Fragebogen entstammt einer Studentenzeitung. Außer nach Studienfächern, Hobbys usw. wurde darin auch nach dem Ehestand gefragt, mit folgendem Ergebnis:

Verheiratet: 16
Ledig: 1561
Weiß nicht: 11

Solcher und anderer Unfug kommt durch Fragebögen leicht zustande. Wer kennt nicht die Fragebögen, die man zuweilen auf Hotelkommoden findet: War ihr Aufenthalt in unserem Haus

- beruflich bedingt,
- Teil einer Urlaubsreise,
- usw.

Solche Fragebögen werfe ich oft genervt in den Papierkorb; selbst bei bestem Willen sind sie oft nicht auszufüllen. Typische Frage: „Wie wurden Sie auf unser Haus aufmerksam?". Der Fragebogen des Hotels „Bayerischer Hof" in München sieht hier die folgenden Antworten vor:

- Reisebüro,
- Geschäftsfreunde,
- Freunde,
- Werbung,
- ich bin Stammgast.

Das ist eine typische „geschlossene" Frage: Die möglichen Antworten schöpfen alle potentiellen Fälle aus. Bzw. sollten alle potentiellen Fälle ausschöpfen. Und das ist hier ganz offensichtlich nicht der Fall. Wo etwa findet sich der Gast, der von einem Taxi, auf die Anweisung: Bringen Sie mich zum nächsten Hotel, dort abgeliefert worden ist? Oder der von seiner Sekretärin/seinem Sekretär dort eingebucht wurde? Ist die Sekretärin ein Geschäftsfreund? Solche Fragebögen lösen viel Verwirrung aus.

Noch ärgerlicher sind die überlappenden Antworten. Selbst wenn die vorgegebenen Antworten alle Möglichkeiten ausschöpfen, sind oft mehrere Antworten richtig. Nach meinem Weltbild sind Geschäftsfreunde doch auch automatisch Freunde. Und auch ein Stammgast kann durch ein Reisebüro auf ein Hotel gestoßen sein. Der obige Fragebogen ist eine reine Katastrophe. Um hier unnötiges Grübeln zu vermeiden, sollten geschlossene Fragen immer angegeben, ob auch Mehrfachnennungen gestattet sind.

Offene Fragen sind anders. Sie geben keine Antworten vor, sind aber aus anderen Gründen gefährlich. Geboren? Ja. Um solche Missverständnisse auszuschließen, sollten offene Fragen deutlich machen, wonach überhaupt gefragt ist. Welche Möbel haben Sie letztes Jahr gekauft? Hmm. Ist ein Fernseher ein Möbel? Oder ein Notenständer, ein Bilderrahmen, eine Gartenliege? Wie schätzen Sie Ihren Gesundheitszustand ein? Hier zeigt sich immer wieder, dass bestimmte Beschwerden von verschiedenen Menschen völlig unterschiedlich eingeordnet werden. Wie hoch war ihre Einkommen im letzten Jahr? Persönliches oder Familieneinkommen? Brutto? Netto? Mit oder ohne Sozialversicherungsbeiträge? Gehören auch die Zinseinkünfte dazu? Soll ich auch die schwarz verdienten Gelder angeben? Usw.

Auch die Anzahl der vorgegebenen Alternativen ist bei geschlossenen Fragen von großer Bedeutung. Die Zeitungsmeldung „55 % aller Deutschen sind glücklich" ist je nach Fragebogen verschieden zu bewerten. Lautete die Frage:

Sind Sie glücklich   ○
unglücklich   ○
weder/noch   ○

so zeugt das weniger für den Frohsinn unserer Landsleute, als wenn die Frage so gelautet hätte:

Sind Sie glücklich   ○
zufrieden   ○

eher zufrieden   ◯
eher unzufrieden   ◯
unzufrieden   ◯
unglücklich   ◯

Dann gibt es immer wieder suggestive Fragebögen, wo in der Frage die Antwort gleich mitgeliefert wird („Wollen Sie, dass mit der geplanten PKW-Maut die Benachteiligung deutscher Autofahrer endet?"). Und auch die Art der Antworten bzw. die Aufteilung der Antworten in Gruppen ist wichtig. Fragen Sie mal eine Auswahl Jugendlicher: Wie lange bist du normalerweise täglich im Internet unterwegs? Gibt man als Alternativen vor: bis zu 30 Minuten, 30 Minuten bis eine Stunde, mehr als eine Stunde, kommt etwas ganz anderes heraus als bei den Alternativen „bis zu einer Stunde", „1–3 Stunden" und „mehr als 3 Stunden".

Der erste Fragebogen legt nahe, mehr als eine Stunde Internet pro Tag wäre viel. Und zu den Vielsurfern möchte keiner gern gehören. Der zweite Fragebogen unterstellt dagegen, 1–3 Stunden pro Tag wären „normal". Und normal sind viele gern.

Fazit: Nie allein auf die Ergebnisse einer Befragung sehen. Auch der Fragebogen selbst ist wichtig.

Fruchtbarkeitsziffer

Die Deutschen sind große Meister im Nicht-Kinderkriegen. Nicht gerade Weltmeister, die Polen und die Japaner sind hier noch erfolgreicher, aber doch ganz oben in der Spitzengruppe. Der weltweite Maßstab dafür ist die sogenann-

te „zusammengefasste Fruchtbarkeitsziffer", auch Gesamt-
fruchtbarkeitsrate oder Fertilitätsrate genannt, auf Englisch
„total fertility rate". Damit ist die Zahl der Kinder gemeint,
die eine Frau im Durchschnitt im Laufe ihres Lebens bekommt. Und da stehen wir in Deutschland derzeit bei 1,4.
Die Tabelle unten zeigt diese Ziffer auch für ausgewählte
weitere Länder.

Zusammengefasste Fruchtbarkeitsziffern 2014

Afghanistan	5,4
Nigeria	5,3
Ghana	4,0
Philippinen	3,1
Ägypten	2,9
Mexiko	2,3
Frankreich	2,1
USA	2,0
Schweden	1,9
Russland	1,6
Spanien	1,5
Deutschland	1,4
Polen	1,3
Japan	1,3

Damit eine Bevölkerung langfristig unverändert bleibt,
braucht man eine Fruchtbarkeitsziffer von 2,08. Liegt die
Fruchtbarkeitsziffer darunter, nimmt die Bevölkerung langfristig ab. Liegt die Fruchtbarkeitsziffer darüber, nimmt die
Bevölkerung langfristig zu. Damit also die Bevölkerung
nicht schrumpft, müssten 100 neugeborene Mädchen im

Laufe ihres Lebens mindestens 208 Kinder bekommen. Von diesen sind 106 Jungen und 102 Mädchen, von den 102 Mädchen sterben 2 vor der Pubertät oder bekommen aus sonstigen Gründen keine Kinder. Damit bleiben 100 übrig, die selbst auch Kinder bekommen können, und so bleibt die Bevölkerung konstant.

Wie in der obigen Tabelle zu sehen, liegt in vielen Ländern diese Fruchtbarkeitsziffer unter 2,08. Die Bevölkerung nimmt also ohne positive Wanderungssalden langfristig ab (dass die Franzosen hier aus der Rolle fallen, liegt an einer wohldurchdachten Familienpolitik und an der Tatsache, dass man mit wachsender Zahl der Kinder in Frankreich immer weniger Steuern zahlt – das Familieneinkommen wird zur Bestimmung des persönlichen Einkommens durch die Größe der Familie geteilt, man sagt dazu auch Familiensplitting).

Jetzt fragen natürlich alle Leser, die dieses Taschenbuch nicht nur als Unterlage für die Nachttischlampe nutzen: Woher weiß man denn eigentlich, wie viele Kinder die gerade in Deutschland lebenden Frauen im Durchschnitt im Laufe ihres Lebens haben werden? Und die Antwort darauf ist natürlich: Man weiß es nicht. Mit anderen Worten: Die Fruchtbarkeitsziffer ist eine Konstruktion. Und zwar eine, die darauf baut, dass auch in Zukunft alle – sagen wir – 30-jährigen Mütter genauso viele Kinder bekommen werden wie zur Zeit. Dito alle 35-jährigen oder 40-jährigen. Aber man muss sich doch nur in seinem eigenen Bekanntenkreis umsehen, um zu sehen, dass das so nicht stimmt. Denn heute sind Frauen bei der Geburt ihrer Kinder im Durchschnitt weitaus älter als vor 20 oder 30 Jahren. Und diese Entwicklung scheint durchaus noch nicht abgeschlossen. Mit anderen Worten: Wir können kaum unterstellen, dass in 10 Jahren die dann 40-jährigen genauso wenige Kinder bekommen werden wie Mütter, die heute 40 sind. Vielleicht könnten sich ja auch immer mehr Frauen entschließen, noch in diesem Alter die langgehegten Kinderwünsche umzusetzen?

Umgekehrt in Ländern wie Nigeria und Afghanistan, mit ihren heute noch sehr hohen Fertilitätsraten. Hier wird unterstellt, dass auch in 10 oder 20 Jahren die dann 20-jährigen Frauen genauso viele Kinder bekommen werden wie die aktuellen 20-jährigen. Das ist aber unwahrscheinlich. Wenn man sich vergleichbare, in ihrer Entwicklung etwas weiter fortgeschrittene Länder ansieht, werden es eher weniger sein. Damit sind aber die in obiger Tabelle abgedruckten Fruchtbarkeitsziffern vermutlich bei kleinen Werten kleiner und bei großen Werten größer als es der Realität entspricht. Aber im Fall von Deutschland wird auch nach Adjustierung nach oben die mystische 2,08 auf keinen Fall erreicht.

Geldmenge

Derzeit zirkulieren auf der Welt rund 6 Billionen Euro. Das ist die sogenannte Geldmenge M1 (das M steht dabei für „money"). Sie besteht einmal aus dem Inhalt unserer Portmonees, also Banknoten und Münzen. Davon gibt es rund 900 Milliarden Euro. Der mit Abstand populärste Geldschein ist dabei der 50er, mit über 6 Milliarden Stück.

Damit ist auch klar: Der weitaus größte Teil unseres Geldes, über 5 Billionen Euro, ist gar nicht wirklich da, er existiert nur virtuell. Das sind die Sichteinlagen von Privatpersonen oder Wirtschaftsunternehmen bei Geschäftsbanken aller Art. Natürlich kann man diese Einlagen in Bargeld umtauschen, aber wenn das alle auf einmal täten, gäbe das ein großes Desaster. Diese Sichteinlagen sind nämlich nicht, wie viele glauben, nur eine Art Quittung für die Banknoten, die wir, damit sie uns nicht geklaut werden, zur Sparkasse getragen haben. Denn so viele Banknoten, um alle Kunden zu bedienen, hat keine Bank der Welt. Und auch den Banknoten selbst entspricht nicht wie früher ein realer Gegenwert. So hatte etwa noch bis in der 70er Jahre des vorigen Jahrhunderts die amerikanische Zentralbank ihre Dollarnoten mit Gold hinterlegt. Das ist aber lange vorbei, seitdem kann im Prinzip jede Zentralbank so viele Noten drucken, wie sie will.

Einige tun das auch. So kam etwa die Hyperinflation in Deutschland im Jahr 1923 zustande: Die damalige Reichsbank druckte immer mehr Nullen auf ihren Scheinen nach, bis es am Ende einen Geldschein über eine Billion Reichsmark gab. Und auch später erlagen immer wieder Regierungen der Versuchung, sich über gefügige Zentralbanken wie Münchhausen am eigenen Schopf aus dem Schuldensumpf zu ziehen (denn jede Inflation entlastet die Schuldner und bestraft die Gläubiger; am Ende des Jahres 1923 hatte der damalige Reichsfinanzminister nur noch Schulden von weniger als zwei Rentenmark).

Zum Glück sind heute die Banknoten und die Einlagen des privaten Sektors bei Geschäftsbanken nicht beliebig vermehrbar, da schiebt die Europäische Zentralbank einen Riegel vor. Zum Beispiel ist ein gewisser Prozentsatz der Sichteinlagen des Privatsektors durch Einlagen der Geschäftsbanken bei der Zentralbank gedeckt. Die stehen dort auf der Passivseite der Bilanz. Diese wird – nach Abzug des Eigenkapitals – auch Geldbasis genannt, abgekürzt M0: Je größer M0, desto größer potenziell auch M1. Zuweilen addiert man zu M1 auch noch die Termin- und Festgeldguthaben des Privatsektors dazu, die sich ohne größere Umstände zu Bargeld machen lassen. Man spricht dann von M2 oder M3.

Nach der sogenannten Quantitätstheorie ist der Wert des Geldes immer an dessen Menge geknüpft: Je mehr Geld es gibt, desto weniger sind ein Geldschein oder eine Münze wert. Wie etwa der Wertverfall des Geldes in der frühen Neuzeit nach der Entdeckung der Silberminen in Südamerika oder nach dem 1. Weltkrieg in Deutschland zeigt, trifft das auch im Großen und Ganzen zu. Über mittlere Zeiträume zeigt allerdings die sogenannte Geldumlaufgeschwindigkeit, das ist der Quotient Sozialprodukt durch Geldmenge, auch beträchtliche Schwankungen. Bei wachsender Geldmenge und gleichzeitig sinkender Inflationsrate, wie in den mittleren Jahren der Eurokrise, haben die Leute zwar mehr Geld, aber sie kaufen nichts damit, das heißt, die Umlaufgeschwindigkeit des Geldes geht zurück.

Geometrisches Mittel

Das geometrische Mittel ist ein Durchschnitt, der oft dann einspringt, wenn das arithmetische Mittel versagt. Angenommen, ein Bauer bekommt bei einer Flurbereinigung für einen rechteckigen Acker einen quadratischen zurück. Damit alles mit rechten Dingen zugeht, hat der neue Acker die gleiche Fläche wie der alte. Seine Seitenlänge muss also zwischen der Länge und der Breite des alten Ackers liegen, d. h. ein Durchschnitt der beiden sein.

Das arithmetische Mittel wäre hier falsch. War der alte Acker 80 Meter lang und 20 Meter breit, also $80 \cdot 20 = 1600$ Quadratmeter groß, so ergäbe das ein Quadrat der Seitenlänge $(80 + 20) / 2 = 50$. Und das hätte eine Fläche von 2500 Quadratmetern, also weit mehr als das Ausgangsgrundstück, und das wäre ungerecht.

Korrekt wäre die Seitenlänge 40. Das ist das geometrische Mittel von 20 und 80. Ganz allgemein ist das geometrische Mittel zweier Zahlen die zweite Wurzel aus dem Produkt. Und analog bei mehr als zwei zu mittelnden Werten. Das geometrische Mittel von drei Zahlen ist die dritte Wurzel aus deren Produkt, das geometrische Mittel von vier Zahlen die vierte Wurzel, usw.

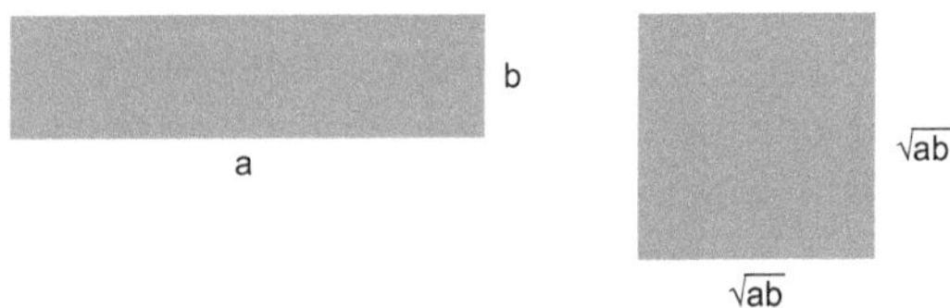

Quadrat und Rechteck mit gleicher Fläche. Die Seitenlänge des Quadrats ist das geometrische Mittel der Rechteckseiten.

Um die Wurzeln zu berechnen, sollten die zu mittelnden Werte keine negativen Zahlen sein. Das ist in allen Anwendungen des geometrischen Mittels automatisch der Fall. Die mit Abstand wichtigste ist das korrekte Ermitteln von durchschnittlichen Wachstumsraten. Dazu nimmt man die zugehörigen Wachstumsfaktoren, d. h. die Quotienten „Neuer Wert geteilt durch alter Wert", davon das geometrische Mittel, und das noch minus 1.

Beispiel: Wenn ein Kapital sich erst verdoppelt, dann stagniert, und dann vervierfacht, was ist dann die durchschnittliche Wachstumsrate?

Die Wachstumsfaktoren sind 2, 1, und 4. Deren Produkt ist 8 (d. h. am Ende hat man das 8-fache des Anfangskapitals). Und die dritte Wurzel aus 8 ist 2. Und 2 weniger 1 ist 1 = 100 %. Das ist die korrekte durchschnittliche Wachstumsrate.

Diese korrekte durchschnittliche Wachstumsrate hat eine schöne sachliche Interpretation: Wenn ein Ausgangskapital dreimal nacheinander mit dieser Rate, hier also um 100 % wächst, sich also jedes Mal verdoppelt, hat man am Ende das 8-fache des Ausgangskapitals, genau das gleiche wie im Originaldatensatz. Die so ermittelte durchschnittliche Wachstumsrate, Periode für Periode auf den Ausgangswert angewandt, führt auch in anderen Kontexten genau zum letzten Wert der Reihe und ist in diesem Sinn ein idealer Durchschnitt aller Wachstumsraten.

Gewichtete Mittelwerte

Mittelwerte alias Durchschnitte und wie man sie berechnet kommen an vielen Stellen dieses Buches vor. Manche Betrachter sehen darin das Wesen der Statistik überhaupt. Das arithmetische Mittel etwa von 1 und 2 ist 1,5. Das geometrische Mittel – siehe den vorhergehen Stichwortartikel – ist 1,41 und das harmonische Mittel ist 1,33. In allen diesen Fällen gehen die Zahlen 1 und 2 mit gleichen Gewichten in die Durchschnittsformel ein. Beim arithmetischen Mittel etwa mit dem Gewicht 1/2:

$$\frac{1+2}{2} = \frac{1}{2} \cdot 1 + \frac{1}{2} \cdot 2 = 1,5$$

Für die meisten Anwendungen ist das auch völlig in Ordnung. Aber es gibt Ausnahmen. Etwa wenn die Ausgangsgrößen selbst schon Durchschnitte sind. Ein Bayer trinkt im Durchschnitt pro Jahr 170 Liter Bier, ein Hesse 48. Was ist der Durchschnitt über beide Bundesländer?

Das arithmetische Mittel wäre (170 + 48) / 2 = 109. Aber das ist offensichtlich grober Unfug. Denn es gibt 13 Millionen Bayern und nur 6 Millionen Hessen. Die 13 Millionen Bayern trinken pro Jahr insgesamt 22 Millionen Hektoliter Bier, die 6 Millionen Hessen rund 3 Millionen. Zusammen also 25 Millionen Hektoliter Bier pro Jahr. Geteilt durch 19 Millionen Biertrinker ergibt das – gerundet – 132 Liter pro Kopf und Jahr. Diese 132 Liter wären damit der korrekte Durchschnitt von 48 und 170.

Die 132 ist das gewichtete Mittel aus 170 und 48. Die Gewichte sind dabei die Bevölkerungsanteile von 13/19 und 6/19. Zum Nachrechnen:

$$(13/19) \cdot 170 + (6/19) \cdot 48 = 132.$$

Bei gewichteten Mittelwerten wird also das Einheitsgewicht 1/2 (oder 1/3 bei drei Ausprägungen, 1/4 bei vier usw.) durch individuelle Gewichte ersetzt. Insofern ist auch das gewöhnliche arithmetische Mittel gewichtet, nur sind die Gewichte alle gleich.

Der Knackpunkt bei „echten" gewichteten Mittelwerten sind natürlich die Gewichte. In unserem Bier-Beispiel ergeben die sich aus dem Zusammenhang. Eine weitere Anwendung sind *Preisindizes*. Hier sind die Gewichte nicht so klar. Nehmen wir etwa einen Preisindex für die Kosten des Autofahrens, bestehend aus Benzin und Motoröl. Der Benzinpreis steigt um 20 % der Preis für Motoröl um 10 %. Um wie viel steigen die Preise im Durchschnitt?

Auch hier ist klar: Das gewöhnliche arithmetische Mittel tut es nicht. Schließlich verbrauchen wir mehr Benzin als Motoröl. Was macht man da? Dieses Problem hat die Statistik über Jahrhunderte beschäftigt und eine riesige Literatur hervorgebracht. Die Standardantwort ist der sogenannte „Preisindex von Laspeyres". Dazu im entsprechenden Stichwortkapitel mehr.

Gesetz der Großen Zahl

Das Gesetz der Großen Zahl ist die wohl wichtigste Errungenschaft der gesamten Wahrscheinlichkeitstheorie. Es wird fast so häufig missverstanden wie benutzt. Das Gesetz besagt: Bei vielen unabhängigen Wiederholungen eines Zufallsexperiments, sei es Würfeln, Münzwurf, Lotto, Kartenspielen oder was auch immer, rücken die relative Häufigkeit und die Wahrscheinlichkeit eines Ereignisses immer näher zusammen. Je häufiger wir eine faire Münze werfen, desto näher kommt der Anteil von „Kopf" seiner Wahrscheinlichkeit 1/2, je häufiger wir würfeln, desto näher kommt der Anteil der Sechsen der Wahrscheinlichkeit für eine Sechs, und je häufiger wir Lotto spielen, desto näher kommt die relative Häufigkeit der 13 der Wahrscheinlichkeit der 13. Ganz allgemein: je mehr unabhängige Werte einer Zufallsvariablen wir beobachten, desto enger schmiegt sich deren arithmetisches Mittel an den Erwartungswert.

Intuitiv sieht man das am Beispiel des Münzwurfs so: Die Wahrscheinlichkeit für Kopf ist 1/2. Also kommt langfristig in der Hälfte aller Fälle Kopf. „In der Hälfte aller Fälle" bedeutet dabei nicht: *Exakt* in der Hälfte aller Fälle. Schließlich ist es ja durchaus möglich, wenn auch extrem unwahrscheinlich, dass immer nur Zahl erscheint. Bei vier Würfen hat das die Wahrscheinlichkeit $1/2 \cdot 1/2 \cdot 1/2 \cdot 1/2 = 1/16$. Bei vierzig Würfen hat das nur noch die Wahrscheinlichkeit $1/2 \cdot 1/2 \cdot 1/2 \cdot \ldots$ (das ganze 40-mal), das ist weniger als 1/1 Milliarde. Mit anderen Worten, die Wahrscheinlichkeit, dass dem Gesetz der Großen Zahl zum Trotz die relative Häufigkeit für „Kopf" bei 0 verbleibt, ist zwar nicht 0, wird aber sehr schnell sehr klein. Genauso ist auch die Wahrscheinlichkeit, dass die relative Häufigkeit für „Kopf" unterhalb von – sagen wir – 0,1 verbleibt, nicht 0, wird aber ebenfalls sehr schnell sehr klein. Und so weiter. Wenn wir uns ein beliebiges Intervall um 1/2 vorgeben, etwa 0,49 bis 0,51, so wird die Wahrscheinlichkeit, dass die relative Häufigkeit für „Kopf" außerhalb dieses Intervalls zu liegen kommt, mit wachsender Zahl der Versuche immer kleiner. Und wenn wir nur oft genug die Münze werfen, verschwindet sie schließlich ganz. Oder umgekehrt: Die Wahrscheinlichkeit, dass die relative Häufigkeit *innerhalb* des Intervalles liegt, wird immer größer und nähert sich der 1. Und zwar für jedes noch so enge Intervall. Das ist die mathematische Übersetzung der Aussage: Die relative Häufigkeit für Kopf nähert sich dem Grenzwert von 1/2.

Noch überzeugender als ein mathematischer Beweis ist ein empirischer Versuch: Tausendmal würfeln oder ein Münze werfen, und selbst ausprobieren.

Aus dem Gesetz der Großen Zahl folgt nicht, dass auch die absolute Anzahl von „Kopf" oder „Dreizehn" oder „Sechs" (oder irgendeines anderen zufälligen Ereignisses) dem jeweiligen theoretischen Wert immer näher rücken muss. Genau das Gegenteil ist wahr. Die absolute Häufigkeit für „Kopf" oder „13" oder „Sechs" wird sich ganz im Gegenteil und mit großer Wahrscheinlichkeit immer weiter von der Zahl entfernen, die man nach der Theorie erwarten muss!

Ein Beispiel: Kommt bei 100 Versuchen 60 mal Kopf, ist das ein Abstand 10 von der theoretischen Anzahl 50, und eine relative Häufigkeit von 0,6. Kommt bei 1000 Versuchen 540 mal Kopf, ist das ein Abstand 40 von der theoretischen Anzahl 500, und eine relative Häufigkeit von 0,54. Kommt bei 10.000 Versuchen 5100 mal Kopf, ist das ein Abstand von 100 von der theoretischen Anzahl 5000, und eine relative Häufigkeit von 0,51. Usw. Die absoluten Abstände von theoretischen und tatsächlichen Häufigkeiten nehmen zu, aber die relative Häufigkeit nähert sich unbeirrt ihrem Ziel von 0,5.

Das kriegen viele Menschen nur schwer auf die Reihe. Welcher Roulettespieler denkt nicht oft: Jetzt ist so oft Rot gekommen, dann setze ich auf Schwarz. Denn nach dem Gesetz der Großen Zahl hat Schwarz ja etwas aufzuholen, die Wahrscheinlichkeit für Schwarz muss also steigen.

Die Wahrscheinlichkeit für Schwarz muss aber gar nichts. Sie ist und bleibt 1/2 (wenn wir von der 0 einmal absehen).

Gleitende Durchschnitte

Börsenprofis vergleichen oft den Durchschnitt der letzten 50 Tagesschlusskurse einer Aktie mit dem Durchschnitt der letzten 250 Kurse (oder einen Durchschnitt der letzten 20 Kurse mit einem Durchschnitt der letzten 100; wichtig ist allein, dass in den ersten Durchschnitt weniger Kurse eingehen als in den zweiten). Fällt der erste Durchschnitt unter den zweiten, ist das ein Verkaufssignal. Steigt der erste Durchschnitt über den zweiten, soll man dagegen kaufen.

Die Idee ist: Beide Durchschnitte messen einen „Trend", der erste einen kurzfristigen, der zweite einen längerfristigen. Fällt der kurzfristige Trend unter den langfristigen, wird auch der langfristige Trend nach unten gehen: Also verkaufen. Steigt der kurzfristige Trend über den langfristigen, muss auch der langfristige steigen. Also kaufen.

Beide Durchschnitte gleiten quasi an der Zeitreihe der Börsenkurse entlang. Daher der Name. Mit jedem neuen Börsentag kommt am rechten Rand ein neuer Wert hinzu, dafür fällt am linken Rand ein Wert heraus. Die Zahl der Kurse, die gemittelt werden, bleibt die gleiche.

Solche gleitenden Durchschnitte sind ein altbewährtes Mittel, um aus zeitlich sortierten, in regelmäßigen Abständen erhobenen Daten (sogenannten Zeitreihen) einen von Zufallsschwankungen und Saisoneinflüssen unberührten „Trend" zu extrahieren. Bei quartalsweise erhobenen Umsatzzahlen einer Firma etwa bietet es sich an, das aktuelle und die beiden benachbarten sowie je die Hälfte der davorliegenden und nachfolgenden Quartale arithmetisch zu mitteln. Im Frühjahr wäre das z. B. das arithmetische Mittel der Umsätze aus Winter, Frühjahr und Sommer, plus – der Gerechtigkeit halber – je die Hälfte der Umsätze des letzten und des folgenden Herbstes. Formal:

$$\text{Trend}_t = 1/8\,\text{Umsatz}_{t-2} + 1/4\,\text{Umsatz}_{t-1} + 1/4\,\text{Umsatz}_t$$
$$+ 1/4\,\text{Umsatz}_{t+1} + 1/8\,\text{Umsatz}_{t+2}.$$

Ein solcher gleitender Durchschnitt heißt auch „Filter": Eine Zeitreihe von Originaldaten geht hinein, und eine „gefilterte" Reihe kommt heraus. Die Zahlen 1/8, 1/4, 1/4, 1/4 und 1/8 heißen auch die „Gewichte" dieses Filters. Auch andere Gewichte sind denkbar. Wenn man den Filter zur Trendbestimmung verwenden will, sollten sich die Gewichte so wie im obigen Beispiel zu 1 addieren. Dann ist automatisch garantiert, dass eine Reihe von stets gleichen Werten durch diesen Filter nicht verändert wird.

Harmonisches Mittel

Das harmonische Mittel ist der Außenseiter unter den Durchschnitten. Anders als das arithmetische und geometrische Mittel oder der Median hat es eher exotische Anwendungen. Etwa in der Musik. Daher auch der Name. Man nehme eine Saite einer Geige. Diese erzeugt einen bestimmten Ton. Halbiert man die Saite, erhält man den gleichen Ton eine Oktave höher. Welcher weitere Teil der Saite, zwischen 1/2 und 1, erzeugt einen harmonischen Dreiklang aus Grundton, Quint, Oktav? Das harmonische Mittel von 1 und 1/2.

Das harmonische Mittel ist der Kehrwert des arithmetischen Mittels der Kehrwerte. Die Kehrwerte von 1 und 1/2 sind 1 und 2. Das arithmetische Mittel davon ist 3/2, und davon nochmals der Kehrwert ist 2/3. Und wie jeder Musiker weiß: Eine Geigensaite, davon zwei Drittel und die Hälfte, klingen zusammen harmonisch.

Eine weitere Anwendung sind Durchschnitte von Geschwindigkeiten. Ich fahre mit 80 km/h von A nach B, und mit 160 km/h von B nach A. Was ist der „korrekte" Durchschnitt ?

Auch hier ist das wieder das harmonische Mittel. Angenommen, von A nach B sind es 160 km. Dann brauche ich hin zwei Stunden und zurück eine, zusammen drei. Also brauche ich für 320 km 3 Stunden, macht im Durchschnitt

$$\frac{320}{3} = 106{,}67\text{km/h}.$$

Das ist aber das harmonische Mittel von 80 und 160:

$$\frac{1}{\dfrac{\frac{1}{80} + \frac{1}{160}}{2}} = \frac{1}{\dfrac{\frac{3}{160}}{2}} = \frac{1}{\dfrac{\frac{3}{320}}{}} = \frac{320}{3} \approx 106{,}67\ \text{km/h}.$$

Zwischen dem harmonischen, dem geometrischen und dem arithmetischen Mittel gibt es eine sehr schöne Beziehung. Das geometrische Mittel von 80 und 160 ist 113,1, das arithmetische Mittel ist 120 – die Mittelwerte werden immer größer. Diese Ungleichung gilt nicht nur in diesem Beispiel, sondern immer. Das sieht man etwa an dieser Grafik (nur für mathematisch Interessierte):

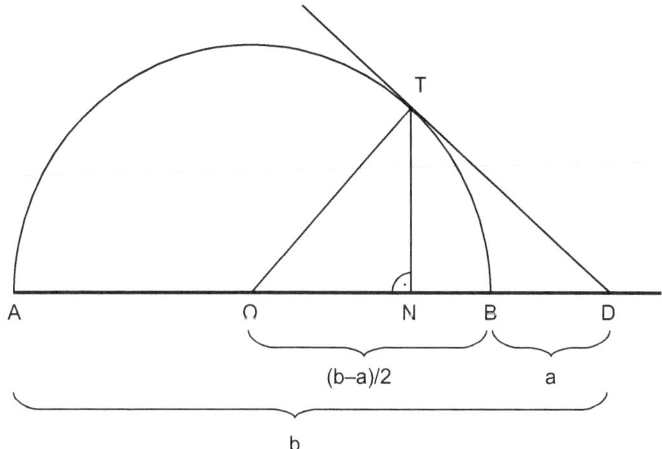

Offenbar ist hier ND < TD < OD.
Aber:

$$OD = (b - a)/2 + a = (b + a)/2$$

$$= \text{arithmetisches Mittel von a und b.}$$

$$TD = \text{geometrisches Mittel von a und b, denn}$$

$$(TD)^2 = (OD)^2 - (OT)^2$$

$$= ((a + b)/2)^2 - ((b - a)/2)^2 = ab$$

$$ND = \frac{ab}{\frac{a + b}{2}} = \frac{1}{\frac{\frac{1}{a} + \frac{1}{b}}{2}}$$

$$= \text{harmonisches Mittel von a und b}$$

Histogramm

Ein Histogramm stellt große Datenmengen übersichtlich grafisch dar. Die über 8000 täglichen Renditen von Aktien der Deutschen Bank von 1980 bis 2014 z. B. sind eine große Datenmenge. Es gab turbulente Tage wie den 16. Oktober 1989. Da fiel der Kurs an einem Tag um 14 Prozent. Oder der berühmte Oktoberkrach von 1987: Da fiel der Kurs an einem Tag um 9 Prozent. Oder ein anderer Tag in jenem denkwürdigen Oktober 1987. Da *stieg* der Kurs an einem Tag um über 10 Prozent.

An den meisten Börsentagen tut sich erheblich weniger – die üblichen täglichen Kursänderungen liegen zwischen −1 und 1 Prozent. Ein Histogramm zeigt, wie viele Kursänderungen in bestimmte Intervalle fallen. Im folgenden Bild ist zu erkennen, dass tatsächlich rund 4000 der 8000 täglichen Kursänderungen betragsmäßig unter 1 Prozent gelegen haben. Dann nimmt die Häufigkeit nach links und rechts stetig ab, und zwar auf eine Art und Weise, die für sogenannte „normalverteilte" Daten typisch ist.

Histogramm der Renditen der Deutschen Bank AG

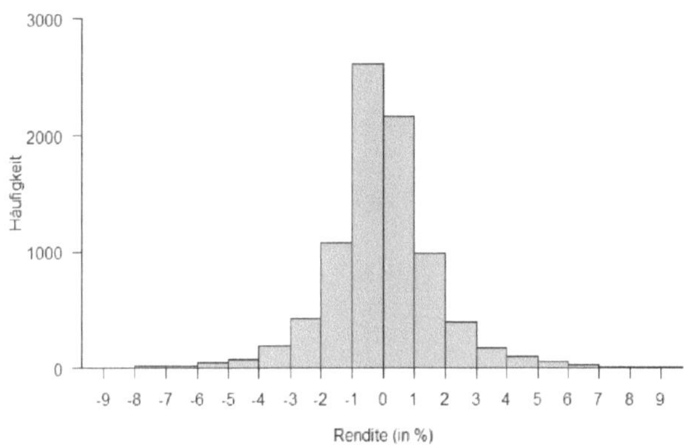

Für Histogramme muss man also nur gut zählen. Ein kleines technisches Problem bereiten die Intervalle. Sind die zu breit, werden mögliche interessante Einzelheiten glattgebügelt. Sind sie zu schmal, können Zufallsschwankungen das Bild verzerren.

Auch ungleich breite Intervalle sind erlaubt. Dann müssen sich aber die Flächen, nicht die Höhen der Rechtecke an den Häufigkeiten ausrichten, mit denen Werte in diesen Intervallen vorkommen.

Histogramme kann man auch auf die Seite legen. Das geschieht etwa bei den bekannten Bevölkerungspyramiden. Hier ist die für Deutschland 2013. Man sieht sehr schön die jetzt 45–55-jährigen Babyboomer der Geburtsjahrgänge 1958–1967, die gerade in vollen Zügen ihre historische Ausnahmesituation genießen: wenige Kinder, die man unterhalten muss, und sehr viele Geschwister, mit denen man sich den Unterhalt der Eltern teilt. So gut ging es einer Generation noch selten. Dafür kommt das dicke Ende in 20 Jahren, wenn diese DINKs in Rente gehen („Double Income No Kids"): Dann sind keine Kinder da, um diese Renten zu bezahlen.

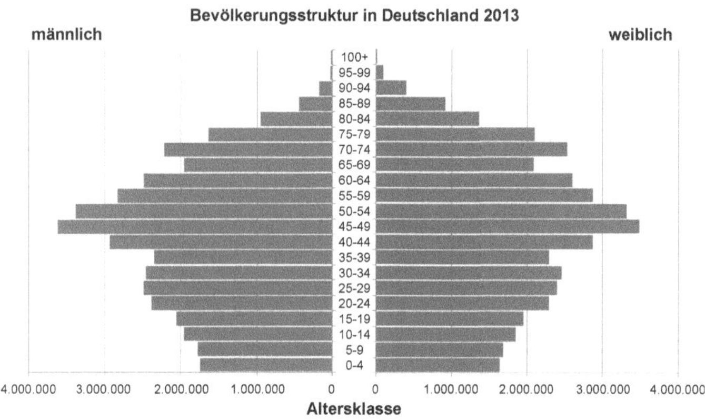

Indirekte Befragung

Die indirekte Befragung ist eine Technik, um Menschen auch unangenehme Wahrheiten zu entlocken. Sind Sie Bettnässer? Putzen Sie sich jeden Tag die Zähne? Haben Sie schon Steuern hinterzogen?

Verständlicherweise halten sich viele bei solchen Umfragen eher bedeckt. Z. B. zeigt sich bei Volkszählungen immer wieder, dass es mehr verheiratete Frauen als verheiratete Männer gibt. Oder führen Umfragen zum Sexualverhalten der Bevölkerung zu dem seltsamen Ergebnis, dass Männer im Durchschnitt mehr als doppelt so viele Sexualpartner im Leben haben wie Frauen. Aber man braucht keine Eins in Mathematik für die Erkenntnis, dass beide Durchschnitte nahezu identisch sein müssen (wenn wir uns hier mal auf den heterosexuellen Teil der Bevölkerung beschränken; bei derselben Anzahl Männer wie Frauen sind die Durchschnitte sogar exakt die gleichen). Ganz offensichtlich lügen viele Befragte bei solchen Themen wie gedruckt.

Die Methode der indirekten Befragung („randomized response") lässt auch bei peinlichen Fragen gesichtswahrende und zugleich korrekte Antworten zu. Das Geheimnis ist: Der Interviewer darf nicht wissen, ob der oder die Befragte korrekt antwortet oder lügt. Das lässt sich auf verschiedene Weisen realisieren. Etwa so: Der Befragte bekommt drei Spielkarten, eine rot und zwei schwarz (oder einen Würfel oder sonst ein Zufallsinstrument). Er oder sie zieht, für den Fragenden unsichtbar, eine Karte. Ist die schwarz, ist Wahrheit angesagt, ist die rot, Lüge. So erfährt man nie, wer sich wirklich jeden Tag die Zähne putzt, die Antwort „Ich putze mir nie die Zähne" kann sowohl falsch wie richtig sein, das Motiv zum Schönfärben entfällt.

Trotzdem lässt sich aus der Befragung rückrechnen, wie viele sich wirklich jeden Tag die Zähne putzen. Einzige Bedingung: Die Ausgänge des vorgeschalteten Zufallsexperimentes dürfen nicht gleich wahrscheinlich sein. In unserem Beispiel ist die Wahrscheinlichkeit einer wahren Antwort 2/3 und die einer falschen Antwort 1/3 (immer vorausgesetzt, dass die Befragten sich auch an die Regeln halten; das sei im Weiteren einmal unterstellt). Wenn ich dann 1500 Menschen frage: Putzt Du Dir die Zähne, und 800 sagen ja, dann ist die korrekte Schätzung für den wahren Anteil der Zähneputzer nicht 800 / 1500 = 53,3 %, sondern 900 / 1500 = 60 %.

Das sieht man wie folgt: Von den 900 Zähneputzern muss rund ein Drittel lügen. Das gibt 600, die sagen: Ja, ich putze mir die Zähne. Von den 600 Nicht-Zähneputzern muss ebenfalls ein Drittel lügen. Das gibt weitere 200, die sagen: Ich putze mir die Zähne, also 800 Ja-Sager insgesamt. Formal ergibt sich der wahre Anteil der Zähneputzer durch das Auflösen der Gleichung

$$\text{Anteil Ja-Sager} = \text{Anteil Zähnputzer} \cdot 2/3$$
$$+ (1 - \text{Anteil Zähneputzer}) \cdot 1/3$$

nach den Zähneputzern.

Die Zahl der Ja-Sager in diesem Spiel ist kleiner als die Zahl derjenigen, die sich wirklich jeden Tag die Zähne putzen: die Fraktion der Putzer verliert durch ihre Lügner mehr als sie durch die Lügner bei den Nichtputzern gewinnt. Umgekehrt ist die Zahl der Neinsager, die mit den „unschicklichen" Antworten, hier größer als die tatsächliche Fraktion der Nichtputzer. Aber darauf kommt es hier nicht an. Der Punkt ist: Bei einer direkten Befragung hätten nur die Nichtputzer gelogen und der Stichprobenanteil der Nichtputzer hätte den wahren Anteil beträchtlich unterschätzt.

Die aus indirekten Befragungen rückgerechneten Anteile sind also weit verlässlicher als das Ergebnis einer direkten Befragung ohne Zufallsfilter. So hat man in den USA durch direktes Fragen herausgefunden, dass vier von hundert Eltern ihre Kinder schlagen. Bei einer indirekten Befragung stieg dieser Anteil auf 15 von hundert. Und auf die Frage, wieviel Schnäpse sie pro Woche trinken, sagen die Amerikaner bei direkter Befragung: vier, bei indirekter Befragung aber neun.

Eine Variante dieser indirekten Befragung lässt die Befragten nicht zwischen Lüge und Wahrheit, sondern zwischen der Antwort auf eine unangenehme und eine harmlose Frage zufällig wählen. Mein amerikanischer Kollege

Tom Hettmansperger hat seine Studenten einmal gefragt:
(i) Rauchen Sie regelmäßig Marihuana? und (ii) Endet Ihre
Matrikelnummer mit einer geraden Zahl? Dann ließ er die
Studenten – für den Befrager unsichtbar – zwischen diesen
beiden Fragen zufällig wählen. Und fand heraus, dass 38 %
seiner Studenten regelmäßig Marihuana rauchten. Bei dieser Variante kommt es darauf an, die Wahrscheinlichkeit für
„ja" bei der harmlosen Frage zu kennen (hier: 1/2), dann
lost man wie gehabt eine einfache Gleichung nach dem
unbekannten wahren Marihuana-Raucher-Anteil auf.

Innumeratentum

Mit Innumeratentum (englisch „innumeracy", der Ausdruck geht auf den bekannten Physiker und Informatiker
Douglas – Gödel-Escher-Bach – Hofstadter zurück) meint
man die Unfähigkeit von Menschen, mit Zahlen vernünftig
umzugehen. Wobei offen bleibt, ob dies eine echte Unfähigkeit oder nur ein Mangel an gutem Willen ist. Denn anders
als Analphabetismus gilt Innumeratentum zumindest in
Deutschland kaum als Schande, manche Zeitgenossen sind
sogar noch stolz darauf.

Vermutlich ist echte Unfähigkeit eher selten. So haben
Psychologen herausgefunden, dass bereits sechs Monate alte Babys ein natürliches Gefühl für Zahlen haben: Man zeigt
dem Baby zwei Puppen, hängt ein Tuch davor, dann nimmt
der Versuchsleiter eine Puppe gut sichtbar weg. Und ein anderer fügt – für das Baby unsichtbar – wieder eine zweite
Puppe hinzu. Dann wird der Vorhang weggezogen, und das
Baby ist erstaunt. Es weiß: Da stimmt was nicht, zwei ist
mehr als eins.

Schwieriger ist es mit Wahrscheinlichkeiten. Die sind in unserem genetischen Apparat nicht vorgesehen, und selbst große Mathematiker wie Gottfried Wilhelm Leibniz oder Jean d'Alembert, einer der Mitautoren der legendären Enzyklopädie, sind auf diesem Glatteis ausgerutscht. So behauptet etwa d'Alembert in dem Stichwortartikel „croix et pile", die Wahrscheinlichkeit für zweimal Kopf beim zweimaligen Münzwurf wäre ein Drittel. Dabei weiß doch jedes Schulkind, dass es die folgenden vier gleich wahrscheinlichen Möglichkeiten gibt:

$$(K, K)(K, Z)(Z, K)(Z, Z)$$

Also beträgt die Wahrscheinlichkeit für zweimal Kopf ein Viertel.

In seinem Buch „Innumeracy" trägt der amerikanische Mathematiker John Allen Paulos zahlreiche weitere Beispiele zusammen. An sichtbarsten werden diese Defizite bei Brüchen und Prozenten. Wer zweimal hintereinander 50 % verliert, landet nicht bei Null, auch wenn das in der Tagesschau einmal behauptet wurde. Dann wieder werden 1800 Engländer und Engländerinnen im Alter über 15 gefragt: „Was sind 40 %." Zur Auswahl standen: einer von 25, ein Viertel, einer von 40, und vier von zehn. Mehr als die Hälfte der Befragten entschieden sich gegen vier von zehn. Jeder siebte glaubte sogar, 40 % wäre einer von 40. Oder um mit dem ehemaligen deutschen Fußballnationalspieler Horst Szymaniak zu sprechen: „Ein Drittel mehr Geld? Nee, ich will mindestens ein Viertel."

Intervallskala

In der Statistik unterscheidet man Merkmale alias Variablen danach, auf welcher Skala sie gemessen werden. Dabei sind Intervallskalen für eine Teilmenge der sogenannten „metrischen" Merkmale vorgesehen. Metrische alias quantitative Merkmale bzw. Variable erkennt man daran, dass ihre Ausprägungen wie bei Einkommen, Vermögen, Grundbesitz, Körpergröße, Gewicht usw. sinnvoll addier- und multiplizierbar sind. Wenn ich 100 € habe und mein Nachbar 200 €, dann haben wir zusammen 300 und jeder im Durchschnitt 150 (das arithmetische Mittel von 100 und 200). Und wenn es heute 10 Grad warm ist und morgen 20 Grad, dann haben wir im Durchschnitt 15 Grad.

Aber es gibt hier einen kleinen, aber feinen Unterschied: Mein Nachbar hat doppelt so viel Geld wie ich. Aber ist es morgen auch doppelt so warm wie heute?

Offensichtlich nicht. In Fahrenheit gemessen, hätten wir heute 50°F und morgen 68°F. Im Fachjargon der Statistik: Temperaturen gemessen in Celsius und Fahrenheit sind intervallskaliert. Man kann Intervalle vergleichen – von 10 auf 20 Grad ist genauso weit wie von 20 Grad auf 30 Grad –, aber keine sinnvollen Quotienten bilden. Bei meinem und des Nachbarn Geld dagegen ist das problemlos möglich.

Und zwar deshalb, weil hier ein natürlicher Nullpunkt existiert. Den gibt es bei der Temperatur zwar auch – −273,15 Grad Celsius –, aber das Rechnen von da an aufwärts hat sich nicht durchgesetzt. Dann wäre auch hier aus einer Intervallskala eine sogenannte „Verhältnisskala" geworden, da sind auch Aussagen wie „doppelt so viel" oder „die Hälfte" erlaubt.

Itemanalyse

Mit dem englischen Wort „item" (auf Deutsch: Gegenstand oder Objekt) meint man in der psychologischen Statistik eine bestimmte Frage (aus einer ganzen Batterie von Fragen) nach gewissen Persönlichkeitseigenschaften eines Menschen. Dabei färbt die gesuchte Eigenschaft mehr oder weniger deutlich auf die möglichen Antworten ab. Zumindest sollte sie das tun, damit das Item seinen Zweck erfüllt.

Das Paradebeispiel ist ein Intelligenztest, der in der Regel aus einer ganzen Reihe von Fragen = Items besteht. Die Itemanalyse findet nun heraus, ob die Frage überhaupt Rückschlüsse auf die interessierende Eigenschaft erlaubt, ob also Variationen in der interessierenden Eigenschaft auch Variationen in den Antworten erzeugen. Hier gibt es zwei Extreme. Nehmen wir die Frage: Wie viel ist $1 \cdot 1$? Das weiß jeder, damit ist dieses Item völlig uninformativ (bei der Frage nach $4 \cdot 4$ sieht das schon anders aus, hier ein O-Ton aus einer mündlichen Prüfung an meinem Institut: „Herr Krämer, darf ich meinen Taschenrechner benutzen?"). Das andere Extrem wäre eine Frage nach der Quadratwurzel aus 3074. Das kann kein Mensch im Kopf, deshalb ist auch dieses Item völlig uninformativ.

Zwischen diesen beiden Extremen ist also ein informatives Item anzusiedeln. Es ist dabei umso wertvoller = informativer, je deutlicher die Antworten als Konsequenz von unterschiedlichen Ausprägungen der interessierenden Eigenschaften streuen. Im Fachjargon der Statistik heißt das auch *Trennschärfe*. Das Item: „Setzen Sie die folgende Reihe fort: 1, 4, 9, 16 …." scheint mir aus persönlicher Erfahrung recht trennscharf – die Hälfte meiner Freunde, die ich danach frage, sagt: 25, die andere Hälfte weiß es nicht. Damit ist sehr schnell ein erster Indikator für mathematische Begabung da.

Weitere typische Items aus psychometrischen Untersuchungen fragen auf einer Skala von eins bis – sagen wir – zehn den Grad der Zustimmung zu Aussagen wie den folgenden ab:

- Morgenstund hat Gold im Mund,
- Zeit ist Geld,
- Die Zukunft gehört mir,
- Müßiggang ist aller Laster Anfang,

und so weiter. Solche Items werden gern benutzt, um Charaktereigenschaften wie Zielstrebigkeit oder Ehrgeiz zu messen.

Kartogramme

Kartogramme stellen Daten mit einem geografischen Bezug in einem Schaubild dar. Ein Beispiel sind die sogenannten „Dichtekarten" oder „Choropleten" (von griechisch choros = Ort und plethos = Menge). Sie bilden Daten mit flächenmäßigem Bezug, wie Niederschläge, Luftverschmutzung oder Grundstückspreise, durch unterschiedliche Schraffuren, Graustufen oder Einfärbungen der entsprechenden Regionen ab. Ein Beispiel ist die Karte der Bevölkerung der Bundesrepublik auf der nächsten Seite. Sie zeigt, wie viele Menschen in den einzelnen Bundesländern auf einem Quadratkilometer wohnen, mit immer dunklerer Einfärbung, je dichter die Bevölkerung.

Das große Problem bei Dichtekarten ist die Wahl der Intervalle; was wird weiß, grau oder schwarz und wie viele Graustufen will ich überhaupt? Denn je nach Grenze, ist die Kuh anders gescheckt. Auch die Begrenzung der einzufärbenden Gebiete, ob administrativ oder sachlich, oder auch die Einfärbung selbst, ob durch Grau- oder Farbskalen oder durch Schraffieren, kann man so oder so gestalten, und je nach dieser Auswahl sieht die Grafik anders aus. Hier gibt es leider keine allgemeinen Regeln.

Kaufkraftparitäten

Ist das Leben in Deutschland teurer oder preiswerter als in Frankreich, Spanien oder Großbritannien? Im Prinzip ist die Antwort einfach, es gibt ja Preisindizes. Der Preisindex für die Lebenserhaltung z. B. sagt, wie viel mehr oder weniger Konsumgüter heute kosten als vor einem Jahr, zwei Jahren oder drei. Und dann vertauscht man einfach Zeit mit Ort, und die Antwort auf die Frage oben scheint klar.

Ist sie aber nicht. Denn leider ist es nicht damit getan, die bekannten Formeln für Vergleiche über die Zeit hinweg auf Länder auszudehnen. Die Formel von Laspeyres etwa würde die folgende Frage beantworten: Wie viel würde der typische deutsche Warenkorb heute in Frankreich, Spanien oder England kosten? Das ist zwar interessant, aber für den nach Madrid versetzten deutschen Diplomaten wenig hilfreich. Denn was hat er davon, dass etwa Heizöl, mit dem er in Berlin des Winters sein Reihenhaus erwärmt, in Madrid nur die Hälfte kostet? In Madrid braucht er kein Heizöl.

Für internationale Vergleiche sind also andere Warenkörbe nötig als für zeitliche Vergleiche innerhalb desselben Landes. Danach funktioniert aber alles wie gehabt. Dergleichen Indizes zum Vergleich von Preisen nicht an einem Ort zu verschiedenen Zeitpunkten, sondern zu einem Zeitpunkt an verschiedenen Orten, heißen auch Kaufkraftparitäten.

Die offizielle europäische Amtsstatistik definiert dazu einen für die meisten Länder Europas repräsentativen Warenkorb und rechnet nach, was dieser in den einzelnen Ländern kostet. Die folgende Abbildung zeigt das Ergebnis für das Jahr 2013. Demnach zahlen die Schweizer für diesen repräsentativen Warenkorb rund 56 % mehr, die Bulgaren über 51 % weniger als im europäischen Durchschnitt. Deutschland bewegt sich in der Mitte.

Vergleichende Preisniveaus 2013
Abstand zum EU-Durchschnitt in %

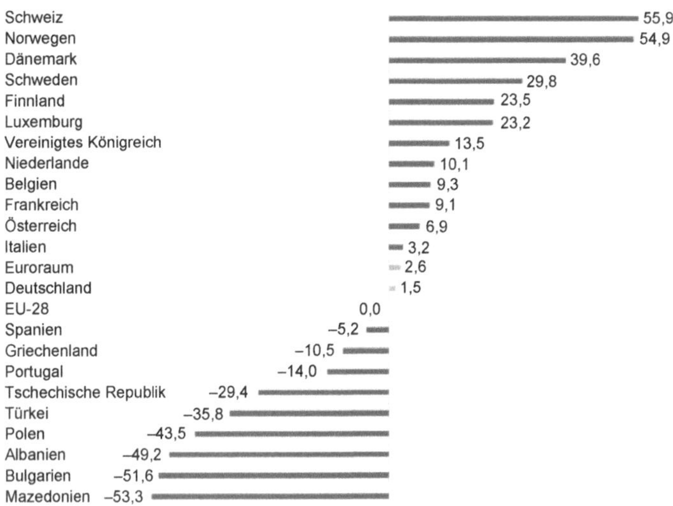

Vorläufige Ergebnisse (bezogen auf die Konsumausgaben der privaten Haushalte für ausgewählte europäische Länder).

Quelle: Eurostat
© Statistisches Bundesamt, Wiesbaden 2014

Klinische Studien

Klinische Studien (kontrolliert und randomisiert) besetzen das eine Ende einer Skala, an deren anderem Ende sich epidemiologische Beobachtungsstudien wiederfinden. Etwa ob durch Sonnenbaden die Wahrscheinlichkeit für Hautkrebs steigt? Oder durch Fluglärm die Wahrscheinlichkeit für einen Herzinfarkt? Da muss man mit den Daten zufrieden sein, die man bekommt. Oder kann sich jemand ein Experiment vorstellen, wo tausend Menschen über längere Zeit einer extremen UV-Bestrahlung ausgesetzt werden und eine gleich große Kontrollgruppe nicht?

Aber genau das wird in klinischen Studien getan. Eine Gruppe von Menschen (die Verumgruppe) erhält eine Behandlung, etwa eine neues Medikament, eine andere nicht (die Kontrollgruppe). Und dann wird überprüft, ob die Behandlung wirkt.

Solche klinischen Studien werden vor allem in der Pharmaforschung eingesetzt. Sie sind sogar gesetzlich vorgeschrieben, um nachzuweisen, dass ein neues Medikament ein Placebo schlägt. Denn nur dann erhält es eine offizielle Zulassung und kann damit auf die Menschheit losgelassen werden.

Die dabei einzuhaltenden Regeln sind äußerst strikt. Nach dem deutschen Arzneimittelgesetz müssen Probanden „volljährig und in der Lage [sein], Wesen, Bedeutung und Tragweite der klinischen Prüfung zu erkennen und ihren Willen hiernach auszurichten". Auch darf die klinische Prüfung eines Arzneimittels bei Menschen „vom Sponsor nur begonnen werden, wenn die zuständige Ethik-Kommission diese […] zustimmend bewertet und die zuständige Bundesoberbehörde diese […] genehmigt hat. Die klinische Prüfung eines Arzneimittels darf bei Menschen nur durchgeführt werden, wenn und solange

1. ein Sponsor oder ein Vertreter des Sponsors vorhanden ist, der seinen Sitz in einem Mitgliedstaat der Europäischen Union oder in einem anderen Vertragsstaat des Abkommens über den Europäischen Wirtschaftsraum hat,
2. die vorhersehbaren Risiken und Nachteile gegenüber dem Nutzen für die Person, bei der sie durchgeführt werden soll (betroffene Person), und der voraussichtlichen Bedeutung des Arzneimittels für die Heilkunde ärztlich vertretbar sind,
2a. nach dem Stand der Wissenschaft im Verhältnis zum Zweck der klinischen Prüfung eines Arzneimittels, das aus einem gentechnisch veränderten Organismus oder einer Kombination von gentechnisch veränderten Organismen besteht oder solche enthält, unvertretbare schädliche Auswirkungen auf
   a) die Gesundheit Dritter und
   b) die Umwelt nicht zu erwarten sind."

Und so weiter über mehrere Paragrafen hinweg.

Der Goldstandard bei einer klinischen Arzneimittelstudie ist der Doppel-Blind-Versuch: Hier weiß weder der Proband/die Probandin noch der betreuende Arzt/die betreuende Ärztin, wer das Medikament und wer das Placebo erhalten hat. Damit sind all die vielen unbewussten Verzerrungsmechanismen ausgeschaltet, die immer dann entstehen, wenn die Versuchsleitung die Verumgruppe kennt: Vielleicht schaut man da etwas genauer hin?

Bei klinischen Studien außerhalb der Arzneimittelforschung, etwa bei einem Vergleich chirurgischer Eingriffe, ist dieses Prinzip aus offensichtlichen Gründen nicht immer einzuhalten. Und auch bei Doppelblind-Versuchen können der gesunde Menschenverstand und die Ethik gleichermaßen einen Abbruch nahelegen. Sollte etwa ein neues Medikament schon bei den ersten Probanden sensationelle Verbesserungen oder aber gefährliche Nebenwirkungen zeigen, wäre es unverantwortlich, die Placebogruppe von dieser Wohltat auszuschließen (Verbesserung) oder die restlichen Probanden mit diesem gefährlichen Mittel zu belasten (gefährliche Nebenwirkungen). Hier hält die Statistik ausgefeilte Entscheidungshilfen vor, wann abzubrechen ist.

Klumpenstichprobe

Eine reine Zufallsstichprobe kennt jeder, der schon einmal beim Ziehen der Lottozahlen zugesehen hat: 49 Kugeln, sechs davon werden zufällig aus einem Behälter herausgezogen. Insbesondere haben dabei alle Kugeln die gleiche Wahrscheinlichkeit, gezogen zu werden. Und wenn als erstes die Zahl 7 kommt, ändert sich für alle verbleibenden Zahlen die Wahrscheinlichkeit in gleicher Weise, sie ist dann nicht mehr 1:49, sondern 1:48 (denn eine Kugel ist ja schon weg).

Eine Klumpenstichprobe funktioniert anders. Etwa so: Erst ziehen wir die Zusatzzahl, dann teilen wir die restlichen 48 Zahlen der Größe nach in acht Gruppen à sechs Kugeln auf. Diese Teilmengen heißen auch Klumpen. Und dann ziehen wir zufällig einen kompletten Klumpen heraus.

Auch hier haben alle Zahlen die gleiche Wahrscheinlichkeit, gezogen zu werden. Aber die gezogenen Zahlen hängen nun extrem voneinander ab. Und es gibt nun nicht mehr wie vorher 13,9 Millionen Möglichkeiten, sechs Kugeln herauszuziehen, sondern nur noch $49 \cdot 8 = 392$. Damit wäre Lotto vergleichsweise uninteressant.

In anderen Kontexten haben solche Klumpenstichproben aber durchaus ihre Berechtigung. Der Mikrozensus etwa wird auf diese Weise gezogen. Dazu teilt man die Republik zunächst in mehrere hunderttausend „Auswahlbezirke" (= Klumpen) von je 6 bis 12 Wohnungen auf. Ein solcher Auswahlbezirk kann mehrere Gebäude, oder in großen Mietskasernen auch nur einen Teil eines Gebäudes umfassen. Aus diesen Auswahlbezirken=Klumpen wird dann jeder Hundertste zufällig gezogen.

Auch andere Anwendungen sind denkbar. Brauche ich etwa eine 10-Prozent-Stichprobe aller Studierenden der TU Dortmund, ziehe ich zufällig eine Ziffer zwischen 0 und 9 und nehme dann alle Matrikelnummern, die mit dieser Ziffer enden. Diese Klumpenmethode funktioniert immer dann, wenn sich die Klumpen wie in dem Studienbeispiel ähneln. Denn es gibt keinen Grund, warum sich Studierende mit letzter Ziffer 2 in ihrer Matrikelnummer systematisch unterscheiden von denen mit letzter Ziffer 3. Wann immer sich also ein solcher Klumpen als Mini-Ausgabe der Grundgesamtheit interpretieren lässt, sind Klumpenstichproben angebracht und oft sogar – bei gleicher Stichprobengröße – einer einfachen Zufallsstichprobe an Präzision der Hochrechnung überlegen.

Konfidenzintervalle

Konfidenzintervalle, auch Vertrauensintervalle genannt, messen die Präzision beim Hochrechnen von Stichproben auf Grundgesamtheiten. Die Firma Allensbach fragt 2000 Bundesbürger: Wen würdest du wählen, wenn nächsten Sonntag Bundestagswahl wäre? Und 25 % sagen: SPD.

Diese 25 % sind natürlich nur eine Schätzung für den wahren SPD-Anteil. Dabei will ich einmal unterstellen, dass die Befragten die Wahrheit sagen und bis zum Wahltag ihre Meinung auch nicht ändern. Das garantiert aber immer noch nicht, dass diese 25 % den wahren Wähleranteil wiedergeben. Denn auch die sorgfältigste Stichprobe kann durch Zufall entweder mehr oder auch weniger SPD-Wähler enthalten, als es dem Anteil in der Grundgesamtheit entspricht.

Um dieser Ungenauigkeit gerecht zu werden, präsentiert der seriöse Meinungsforscher ein Konfidenzintervall: Wäre am nächsten Sonntag Bundestagswahl, dann bekäme die SPD zwischen – sagen wir – 24 und 26 Prozent. Und selbst diese Aussage ist nicht notwendig wahr, denn wenn der Zufall sehr böse ist, kann er sogar so viele SPD-Wähler in die Stichprobe spülen oder auch von dieser fernhalten, dass dieses Intervall immer noch komplett über oder unter dem wahren Wähleranteil liegt.

Diese Einsicht ist gleichermaßen simpel, traurig und trivial: Es geht nichts über eine Totalerhebung, selbst die sorgfältigste Stichprobe kann nie mit Sicherheit garantieren, dass man die gesuchte Eigenschaft der Grundgesamtheit auch findet. Aber es lässt sich immerhin eine Wahrscheinlichkeit dafür angeben, dass dieses Intervall den wahren Wert überdeckt. Diese Wahrscheinlichkeit heißt auch Konfidenzniveau. Üblich sind hier 95 %. Aber auch höhere Werte sind möglich, dass entscheidet jeder Anwender für sich.

Wie man, gegeben ein Konfidenzniveau, diese Intervalle findet, lernt man in einem Statistikkurs. Aber auch ohne einen solchen Kurs ist klar: je höher das Konfidenzniveau, desto breiter dieses Intervall. Das ist wie mit einer Fliegenklatsche: Wenn ich die Wahrscheinlichkeit erhöhen will, die Fliege auch zu treffen, muss die Klatsche breiter sein.

Konkurrierende Risiken

Um wieviel länger würden wir im Durchschnitt leben, wenn es keinen Krebs mehr gäbe? Die Theorie der konkurrierenden Risiken sagt: drei Jahre und zwei Monate.

Von konkurrierenden Risiken spricht man immer dann, wenn nur das wie und nicht das ob eines Ereignisses zur Debatte steht. Die wichtigste Anwendung ist der Tod – das ob steht außer Frage, offen ist allein das wann und wie. Die Risiken sind hier die verschiedenen Todesursachen, die unserem Leben ein Ende setzen könnten: Unfall, Mord und Totschlag, Selbstmord, Lungenentzündung, Herzkrankheiten, Krebs. Diese Risiken konkurrieren quasi um unser Leben, scheidet eines aus, erhöhen sich die Chancen für die anderen.

Die früher so gefährlichen Infektionskrankheiten sind heute in entwickelten Industrienationen von diesem Wettbewerb weitgehend ausgeschlossen; vor Typhus, Pest und

Cholera muss sich hierzulande niemand mehr fürchten. Aber deswegen sind wir nicht unsterblich. Wir leben länger, darüber dürfen wir uns freuen, aber die Bedrohung durch die verbleibenden Krankheiten nimmt zwangsläufig zu.

Um wieviel länger wir leben, und um wieviel die restlichen Todesrisiken zunehmen, sagt die Theorie der konkurrierenden Risiken. Dazu muss man sich die Krankheiten als Spieler denken, die um unser Leben würfeln. Jeder Würfel hat 100 Seiten, mit den Zahlen 1 bis 100 (das in diesem Spiel höchstmögliche Lebensalter. Dass manche Menschen älter werden, will ich im Weiteren einmal unterschlagen). Jede Todesursache hat ihren eigenen Würfel, mit unterschiedlichen Wahrscheinlichkeiten für die Zahlen 1–100. Bei der Todesursache Cholera etwa sind alle Zahlen gleich wahrscheinlich, bei der Todesursache Krebs sind die hohen Zahlen viel wahrscheinlicher als die niedrigen.

Jetzt darf jede Todesursache einmal würfeln, und die mit der kleinsten Zahl gewinnt. Angenommen, Unfall würfelt 19, Lungenentzündung 65, Krebs 79 und Herzkrankheiten 91. Dann sterben wir mit 19 durch einen Unfall. Fällt Unfall als Todesursache aus, sterben wir mit 65 an einer Lungenentzündung. Fällt diese als Todesursache aus, sterben wir mit 79 an Krebs, und fällt auch Krebs aus, dann sterben wir mit 91 an einem Herzinfarkt. Durch mehrfaches gedankliches Wiederholen dieses Experimentes findet man sowohl die zusätzliche Lebenserwartung, wie auch die Verschiebung im Spektrum der Todesursachen, wenn einer der Würfelspieler ausscheidet.

Am meisten profitiert durch das Ausscheiden der anderen
der Krebs. Er würfelt systematisch hohe Zahlen und kam
deshalb früher kaum zum Zug. Zu Zeiten Kaiser Wilhelms
gewann er in Deutschland jede zwanzigste Seele, heute jede
vierte. Aber nicht, weil Krebs als Todesursache gefährlicher
geworden wäre, wie man zuweilen in den Medien hört und
liest (eher ist das Gegenteil der Fall). Sondern weil die Kon-
kurrenten Typhus, Tbc und Cholera verschwunden sind.

Man kann also die beliebte Öko-These vom Krebs als Indikator für Umweltverschmutzung und Strahlenbelastung
geradezu umkehren: Je mehr Menschen in einer Region an
Krebs versterben, desto länger lebt man dort, und desto besser sind dort im Allgemeinen auch die Umwelt und die me-
dizinische Versorgung. Die folgende Tabelle gibt einmal die
Lebenserwartung und die Krebsmortalität für ausgewählte Länder dieser Erde an (Männer und Frauen zusammen,
Quelle: CIA Factbook 2014, Weltgesundheitsorganisation):

Lebenserwartung und Krebsmortalität

	Lebenserwartung in Jahren	Anteil Krebstoter unter allen Verstorbenen
Japan	84,5	30 %
Schweiz	82,4	27 %
Italien	82,0	29 %
Schweden	81,9	25 %
Frankreich	81,7	31 %
Island	81,3	30 %
Deutschland	80,5	26 %
England	80,4	29 %
USA	79,6	23 %
Rumänien	74,7	20 %
Russland	70,1	16 %
Pakistan	67,1	8 %
Kamerun	57,4	3 %
Nigeria	52,6	3 %
Südafrika	49,6	7 %

Die höchste Krebsmortalität der Welt, mit 30 Prozent oder mehr aller Todesfälle, haben wir in Frankreich, Island und Japan. Dort werden die Männer im Mittel über 80 und die Frauen im Mittel über 85 Jahre alt. Die niedrigste Krebsmortalität, mit weniger als 10 % aller Todesfälle, haben wir in Kamerun, Nigeria und Südafrika. Dort werden Männer wie Frauen im Durchschnitt keine 60 Jahre alt.

Kontrollkarten

Statistische Kontrollkarten, auch „Qualitätsregelkarten" genannt, dienen der industriellen Qualitätskontrolle. Der Name ist eine schlampige Übersetzung des englischen „control charts", also eigentlich Kontrollgrafiken oder Kontrolldiagramme. Solche Kontrollkarten messen irgendeine Eigenschaft eines in Masse gefertigten Werkteils – der Durchmesser eines Rohres, die Härte einer Metallplatte, die Biegsamkeit einer Feder. Diese Werkstücke entquellen einer Maschine, zwecks Weiterverwendung in anderen Teilen des letztendlichen Produkts. Und da will man natürlich verhindern, dass 100.000 Golf-Fahrzeuge in die Werkstatt zurückgerufen werden müssen, nur weil aufgrund irgendeines Maschinenfehlers die Vorgaben für einen Stoßdämpfer nicht eingehalten worden sind.

Das Kontrollproblem aus Sicht der Statistik in derartigen Anwendungen besteht darin, dass auch bei perfektester Produktion die Sollvorgaben niemals hundert Prozent exakt eingehalten werden, minimale Schwankungen rein aus Zufall sind niemals völlig zu vermeiden. Wann also steckt hinter solchen Schwankungen nicht mehr der Zufall, sondern ein System? Wann ist die Produktion zu stoppen, um den Fehler aufzuspüren?

Hier hat der amerikanische Ingenieur Walter Shewhard in den 20er Jahren des vorigen Jahrhunderts bahnbrechende Arbeiten geleistet. Diese laufen im Wesentlichen darauf hinaus, all diese Abweichungen vom Soll zu kumulieren („Cusum-Karten"). Sind diese Abweichungen wirklich nur ein Zufallsprodukt, so sollten sich positive und negative

Ausprägungen mittel- und langfristig die Waage halten, sukzessiv summierte Abweichungen bleiben immer nahe der 0. Gibt es dagegen einen systematischen Fehler in Richtung zu groß oder zu klein, so summieren sich die Abweichungen zu immer größeren absoluten Beträgen auf. Und wird diese kumulierte Summe dann absolut gesehen zu groß (wird also eine sogenannte „Eingriffsgrenze" überschritten), wird die Produktion gestoppt und der Fehler abgestellt.

Die große Herausforderung aus Sicht der Statistik ist die Bestimmung dieser Eingriffsgrenze. Dabei ist zwischen zwei Arten von Fehlern ein Ausgleich zu finden: Da ist einmal der Fehlalarm. Denn auch bei reinen Zufallsabweichungen können ja rein durch Zufall einmal viele positive oder viele negative Abweichungen hintereinander auftreten, und der Produktionsprozess würde unnötig gestoppt. Das kostet Geld. Und da ist die übersehene systematische Abweichung. Sind die Eingriffsgrenzen zu weit, d. h. wartet man mit dem Anhalten zu lange, sind möglicherweise schon mehrere tausend Autos für die Müllhalde produziert. Das Austarieren dieser Risiken ist eine delikate Sache, diese Feinheiten lernt man in einer Vorlesung über statistische Qualitätskontrolle.

Korrelationskoeffizient

Korrelation – eigentlich „Ko-Relation" – steht für den Zusammenhang zweier Variablen wie etwa Körpergröße und Gewicht. Zwei Variable heißen „positiv korreliert", wenn große Werte der einen im Allgemeinen mit großen Werten der anderen, und kleine Werte der einen mit kleinen Werten der anderen zusammengehen, so wie bei Körpergröße und

Gewicht. Weitere Beispiele sind: Alter und Einkommen, Einkommen und Konsum, Wohnungsgröße und Mietpreis, Aktienkursveränderung von VW und BMW, PS-Zahl und Höchstgeschwindigkeit oder PS-Zahl und Benzinverbrauch von Kraftfahrzeugen usw.

Zwei Variable heißen „negativ korreliert", wenn große Werte der einen mit kleinen Werten der anderen, und kleine Werte der einen mit großen Werten der anderen zusammengehen. Beispiele sind: geschossene und eingefangene Tore in der Fußball-Bundesliga, Anzahl der Geschwister und Höhe von Erbschaften, Alter und Preis bzw. Kilometerstand und Preis von Gebrauchtwagen usw.

Zwei Variablen heißen „unkorreliert", wenn große Werte der einen sowohl mit großen wie mit kleinen Werten der anderen zusammen auftreten und umgekehrt. Beispiele sind: das Alter des Trainers und der Tabellenplatz in der Fußball-Bundesliga, Anzahl der Geschwister und Einkommen, Aktienkursveränderung heute und Aktienkursveränderung gestern usw.

Das konkrete Ausmaß der Korrelation und dessen Messung ist ein Problem für sich. Seine Lösung geht auf den Engländer Sir Francis Galton (1822–1911) zurück, der unter anderem auch dafür sein Adelsprädikat erhielt. Die Lösung geschieht in zwei Etappen. Der erste Schritt ist, zu entscheiden: Was heißt „groß" und was heißt „klein"? Ist eine PS-Zahl von 120 „groß"? Ist ein Bundesligatrainer mit 55 „alt". Sind drei Geschwister „viel"? Galton hat diesen gordischen Knoten elegant durchgeschnitten: „groß" ist größer als der Durchschnitt und „klein" ist kleiner als der Durchschnitt. Der zweite Schritt besteht darin, die jeweiligen Abweichungen vom Durchschnitt geeignet zu gewichten.

Angenommen, ein Objekt (ein „Merkmalsträger") ist in beiden Variablen größer als der Durchschnitt. Dann gehen die Abweichungen vom Durchschnitt je nach Ausmaß unterschiedlich in den Korrelationskoeffizienten ein. Wenn ein Mann bei Größe und Gewicht jeweils nur knapp den Durchschnitt überschreitet, so spricht das weniger für eine positive Korrelation als wenn er bei *beiden* Variablen den Durchschnitt beträchtlich überschreitet (und spiegelbildlich, wenn er bei beiden Variablen den Durchschnitt beträchtlich unterschreitet). Liegt er gar bei der Größe über und bei dem Gewicht unter dem Durchschnitt, ist das sogar ein Gegenargument.

Keine Korrelation: Tabellenplatz und Alter des Trainers (Bundesligasaison 1992/93; damals gab es 20 Mannschaften)

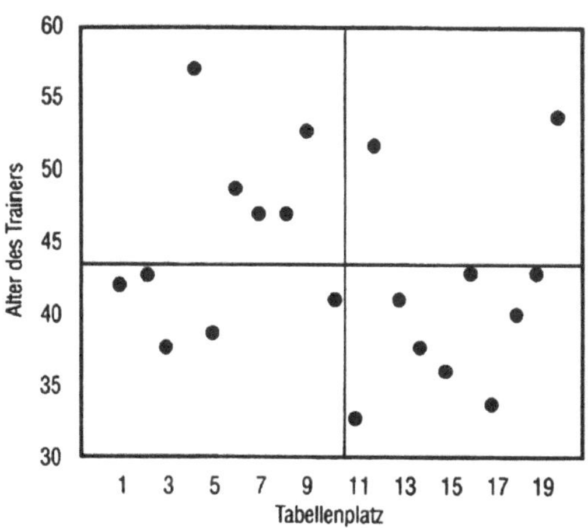

Korrelation Tabellenplatz – Alter des Trainers

Galtons Vorschlag: Die Abweichungen von Durchschnitt sind miteinander malzunehmen. Sind beide hoch negativ oder hoch positiv, ergibt sich ein großes positives Gewicht. Ist einer oder sind beide eher klein, ergibt sich ein kleines positives Gewicht. Ist eine oder sind beide Null, ergibt sich ein Gewicht von Null. Ist eine positiv und die andere negativ, so ergibt sich ein negatives Gewicht. Diese Gewichte werden dann aufsummiert, durch die Anzahl der Wertepaare und die beiden Standardabweichungen geteilt, und voila: Da ist der berühmte Korrelationskoeffizient.

Dass er ungerechterweise nicht nach Galton, sondern den beiden gleichfalls hochverdienten Statistikern Bravais und Pearson benannt ist, soll uns hier nicht weiter stören. Der Koeffizient liegt immer zwischen -1 und $+1$. Die Korrelation ist $+1$, wenn alle Datenpaare auf einer Geraden mit einer positiven Steigung liegen. Sie ist -1, wenn alle Datenpaare auf einer Geraden mit einer negativen Steigung liegen.

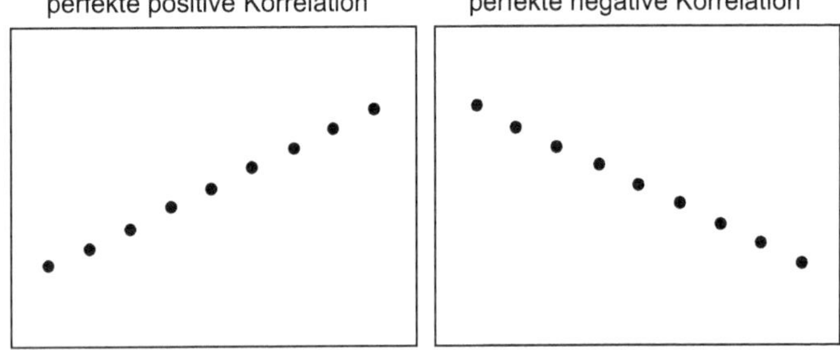

Kreuztabelle

Kreuztabellen (zuweilen auch „Kontingenztafeln" oder „Kontingenztabellen" genannt) fassen große Mengen an Ausprägungen zweier qualitativer Merkmale alias Variablen zusammen. Etwa für die Teilnehmer der letzten Bundestagswahl die gewählte Partei und die Marke des Autos, mit dem man zum Wahllokal gefahren ist (mal angenommen, jemand wüsste das). Wäre es da nicht interessant zu wissen, ob es hier irgendwelche Muster gibt? Wählen Porschefahrer gerne FDP? Welche Automarken dominieren bei den Wählern der CDU? Fahren Grüne gerne mit Elektroautos? Und so weiter.

Die Antwort darauf gibt eine Kreuztabelle. Die wahre Kreuztabelle kennt im vorliegenden Falle leider nur der liebe Gott, ich habe mir deshalb eine ausgedacht (für ein imaginäres Wahllokal).

Eine beispielhafte Kreuztabelle

	CDU/ CSU	SPD	FDP	Linke	Grüne	Rest	zusammen
VW (und andere Konzernmarken)	100	100	5	10	5	30	**250**
Opel	50	75	5	5	5	10	**150**
Mercedes-Benz	150	25	5	5	10	5	**200**
BMW	80	25	20	20	20	25	**190**
sonstige	80	35	25	20	20	30	**210**
zusammen	**460**	**260**	**60**	**60**	**60**	**100**	**1000**

Relativ leicht zu erfassen sind in aller Regel nur die sogenannten Randhäufigkeiten, das heißt die Wähler der verschiedenen Parteien oder die verschiedenen Automarken insgesamt. Die stehen in obiger Kreuztabelle fett am Rand (daher auch Randhäufigkeiten). Einem populären Klischee entsprechend habe ich in obiger Tabelle die Marke Mercedes-Benz bei der CDU konzentriert, während der Sozialdemokrat eher VW und Opel fährt. Das aber nur als Beispiel, vielleicht ist es ja in Wahrheit auch ganz anders. Der Punkt ist: Eine solche Kreuztabelle liefert nützliche Informationen darüber, wie zwei qualitative Merkmale wie hier das Wahlverhalten und die PKW Präferenz zusammenhängen. Insbesondere darüber, ob diese beiden Merkmale unabhängig sind.

Wären sie unabhängig, müsste sich der 25 %-Anteil der VW-Fahrer in allen Parteien wiederfinden: Bei der CDU 115, bei der SPD 65, bei den anderen 12 bzw. 25. Und analog berechnet man auch für alle anderen Zellen der Kreuztabelle, was dort bei Unabhängigkeit zu erwarten wäre. Je weiter diese bei Unabhängigkeit zu erwartenden Zahlen von den tatsächlichen Zahlen abweichen, desto unwahrscheinlicher ist ebendiese Unabhängigkeit. Das ist die Idee des sogenannten X^2-Tests: Man verwirft die Nullhypothese der Unabhängigkeit, wenn diese aufsummierten und noch geeignet normierten Abweichungen eine gewisse kritische Grenze überschreiten.

Hat eine Kreuztabelle nur zwei Zeilen und zwei Spalten, nennt man sie auch „Vierfeldertafel“.

Kurvendiagramme

Kurvendiagramme stellen zeitliche sortierte Daten wie Preise, Aktienkurse, Arbeitslose, Geburten, Todesfälle oder Krankenstände grafisch dar. Sie beleuchten Zyklen oder Trends. Ein Beispiel ist die folgende Grafik der deutschen Arbeitslosenzahlen von 2000 bis 2013: Sowohl das Saisonmuster als auch der langfristige Trend (bis 2005 steigend, dann fallend) sind sehr schön zu sehen:

Arbeitslosenzahlen Deutschland 2000-2013 (in Mio.)

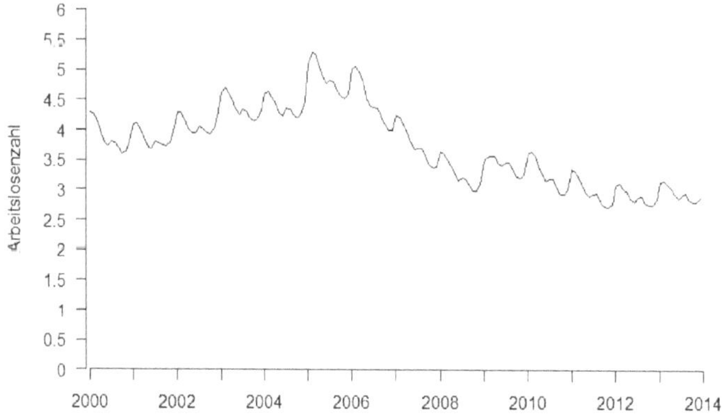

Es versteht sich von selbst, dass man die Achsen von Kurvendiagrammen nicht abschneiden, stauchen oder dehnen darf (siehe auch den Stichwortartikel Achsenmanipulation). Legal ist es dagegen, die Fläche unterhalb der Kurve einzufärben, um den Abstand zur waagerechten Achse zu betonen. Solche Grafiken heißen auch „Flächendiagramm".

Einfärben betont den Abstand zur waagerechten Achse

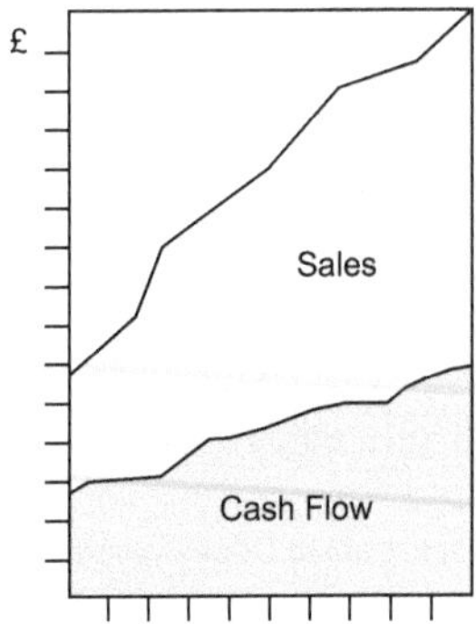

Gibt es so wie hier zwei Kurven im gleichen Diagramm, hat man zuweilen Probleme mit der Interpretation des Abstands. Das folgende Kurvendiagramm, eines der ersten überhaupt, ist entnommen aus William Playfair (1759–1823): *The Commercial and Political Atlas: Representing, by Means of Stained Copper-Plate Charts, the Progress of the Commerce, Revenues, Expenditure and Debts of England during the Whole of the Eighteenth Century* (London 1786). Es gibt die Exporte nach und die Importe aus Spanien im England des späten 18. Jahrhunderts an. Da könnte man glauben, der Abstand wäre zeitweise stark zurückgegangen. Das ist er aber nicht.

Eines der ersten Kurvendiagramme überhaupt: William Playfair 1786

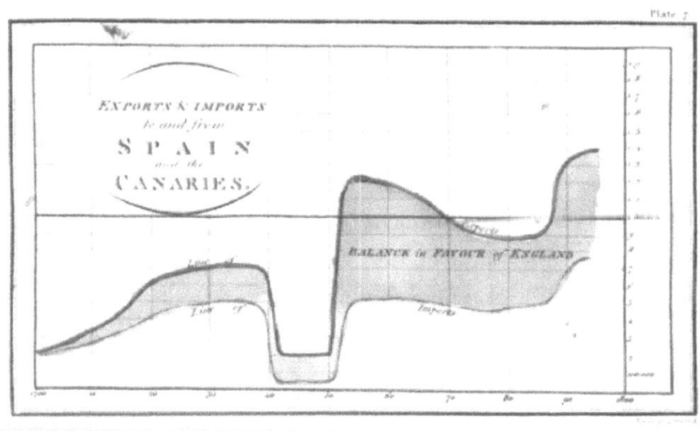

Hier habe ich einmal ein Kurvendiagramm mit zwei Kurven konstruiert, die einen konstanten vertikalen Abstand einhalten. In der Grafik sieht das aber völlig anders aus:

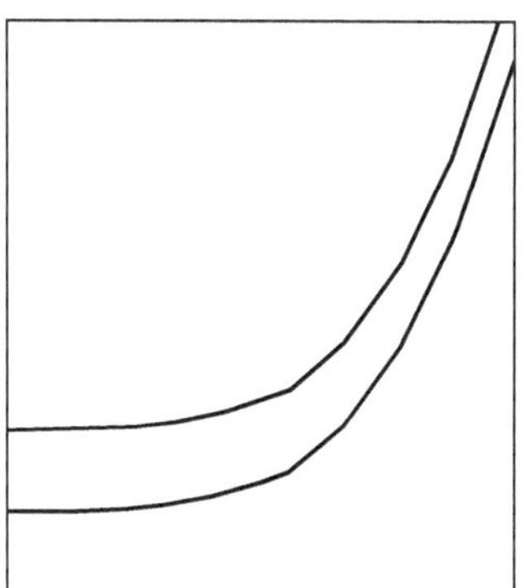

Die beiden Kurven haben überall den gleichen vertikalen Abstand, rücken aber scheinbar immer enger zusammen

Lebenserwartung

Die Lebenserwartung sagt uns, wie lange wir im Durchschnitt leben. Oder, was das gleiche ist, in welchem Alter wir im Durchschnitt sterben. Das sind heute in Deutschland für Männer knapp 78 und für Frauen knapp 83 Jahre (verglichen mit 44 bzw. 48 Jahren 1900, und 60 bzw. 63 Jahren 1932).

Dazu zählt man für jede Altersstufe von 0 bis 99 den Anteil derjenigen Menschen, die im nächsten Jahr versterben. In der Altersstufe 0, d. h. bei den Neugeborenen, sind das heute in Deutschland 0,4 Prozent. Dann geht die Sterblichkeit erstmal zurück. Bei den 20-Jährigen beträgt sie 0,05 Prozent, bei den 50-Jährigen dann schon wieder 0,4 %, und bei den 80-Jährigen 6,4 % (jeweils Männer). Dann nimmt man 100.000 hypothetische männliche Neugeborene (eine sogenannte Geburtskohorte) und lässt davon jedes Jahr den zuvor errechneten Prozentsatz sterben, solange, bis keiner mehr übrig ist. Die so ermittelte Tabelle heißt auch „Sterbetafel" (genauer: „Periodensterbetafel"). Dann sieht man nach: Wie lange hat jeder dieser 100.000 Neugeborenen gelebt, summiert das auf, und teilt durch 100.000. Heutiges Ergebnis: 78.

Bei den Frauen verfährt man ebenso, mit dem Ergebnis 83. Die Lebenserwartung ist also nichts anderes als das arithmetische Mittel der Lebensalter, in denen die 100.000 Mitglieder unserer hypothetischen Geburtskohorte gestorben sind.

Das führt zugleich auch schon zu dem großen Pferdefuß dieses ansonsten durchaus nützlichen Begriffs. Die Lebenserwartung sagt nämlich nicht, wie alt die heute lebenden oder die dieses Jahr geborenen Bundesbürger im Durchschnitt werden. Das erfahren wir erst in mehr als hundert Jahren, wenn der letzte der heute lebenden Deutschen gestorben ist (wenn man also die sogenannte „Generationensterbetafel" kennt). Vermutlich kommt dann für die Männer eine Zahl weit größer als 78 und für die Frauen eine Zahl weit größer als 83 heraus. Die so wie oben aus der Periodensterbetafel berechnete Lebenserwartung sagt allein: Was wäre, wenn die Sterblichkeit in allen Altersstufen die gleiche bliebe, wie sie derzeit ist.

Das ist aber nicht zu erwarten. Vermutlich werden die altersspezifischen Sterberaten in allen Altersklassen weiter fallen, so dass die offizielle Lebenserwartung unser wahres durchschnittliches Sterbealter unterschätzt.

Das ist eine gute Nachricht. Unangenehm wird diese erfreuliche Tatsache nur für unsere Renten- und Pensionskassen, die irgendwann bemerken werden, dass sie für ihre Schützlinge viel länger zahlen müssen als zunächst geplant.

Logarithmische Skala

Ein Kurven- alias Liniendiagramm trägt auf der waagerechten Achse die Zeit und auf der senkrechten Achse die Werte der jeweiligen Variablen ab. Zuweilen sind dergleichen Grafiken aber wenig informativ. Hier habe ich einmal die Größe eines Heuschreckenschwarms abgetragen, der mit einem einzigen Pärchen beginnt. Das produziert zwei neue Pärchen, jedes davon wieder zwei, und so fort. Auf der waagerechten Achse ist die Periode abgetragen, auf der senkrechten die Zahl der Heuschrecken:

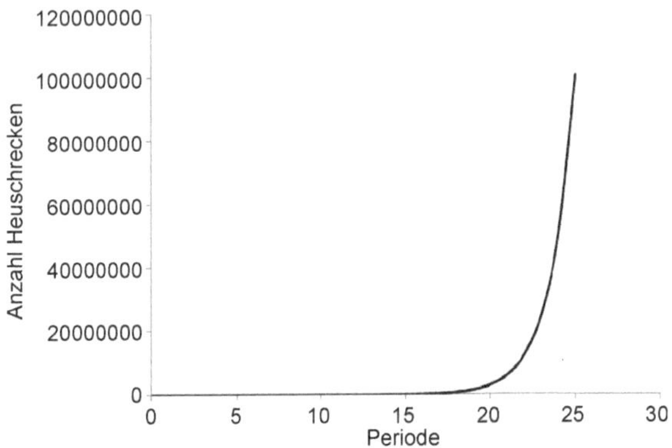

Wie wir sehen, bewegt sich die Kurve den allergrößten Teil der Zeit im unteren Bereich, erst gegen Ende explodiert sie geradezu. Das Wachstum ist exponentiell.

Viele kennen das in der Verkleidung des Schachbrettes und des Weizenkorns. Der Erfinder des Schachspiels soll als Belohnung beim König einen Wunsch frei gehabt haben. Er wünschte sich sein Schachbrett gefüllt mit Weizenkörnern: Ein Korn auf das erste Feld, zwei auf das zweite, vier auf das dritte, und so weiter. Der König sagte: Das ist aber bescheiden, mache ich.

Das hätte er besser gelassen. Soviel Weizen, um diesen Wunsch zu erfüllen, gibt es auf der ganzen Erde nicht. Er bräuchte dazu 18.446.744.073.709.551.615 ($\approx$ 18,45 Trillionen) Körner, das sind über 900 Milliarden Tonnen Weizen, mehr als das Tausendfache der weltweiten Ernte eines ganzen Jahres.

Bei dergleichen exponentiell wachsenden Zeitreihen ist ein gewöhnliches Kurvendiagramm keine große Hilfe. Alternativ trägt man nicht die Originalwerte der Reihe, sondern die logarithmierten Werte ab. Und damit auch alle diejenigen etwas mit der Grafik anfangen können, die nicht wissen oder vergessen haben, was ein Logarithmus ist, trägt man auf der senkrechten Achse wieder die originalen Werte ab. Wenn ich also auf der senkrechten Achse lese: 10.000, dann hat die Ordinate des zugehörigen Kurvenpunktes den Wert (Zehner)-Logarithmus von 10.000 = 4.

Die Heuschrecken auf einer logarithmischen Skala

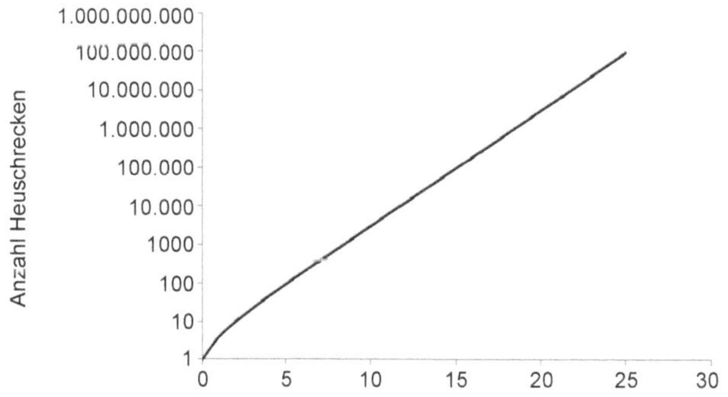

Bei einem „normalen" Kurvendiagramm stehen identische Schritte nach oben für identische *absolute* Zuwächse. Bei einem Kurvendiagramm mit logarithmischer Skala stehen identische Schritte nach oben für identische *relative* Zuwächse. Nimmt man für die Skala den Zehnerlogarithmus, bedeutet eine Einheit mehr auf der senkrechten Achse eine Verzehnfachung (mit „Einheit" ist dabei der Abstand auf der senkrechten Achse zwischen 1 und 10 gemeint). So erkennt man an der Grafik oben sofort, dass sich die Heuschrecken nach jeweils 4 Perioden mehr als verzehnfachen.

Logistische Regression

Eine „einfache" Regression (oder korrekter ausgedrückt: ein einfaches lineares Regressionsmodell) hat eine abhängige Variable, etwa die jährlichen Konsumausgaben aller Bürger der Bundesrepublik (die sogenannte abhängige Variable oder Regressand) und eine oder mehrere unabhängige Variablen alias Regressoren, wie etwa das jährliche Volkseinkommen der Bundesrepublik. Und dann hängt der Regressand linear vom Regressor ab: Steigt das jährliche Sozialprodukt um 10 Milliarden Euro, so steigt der Konsum um, sagen wir, 8 Milliarden Euro. Der Quotient 8:10 heißt auch „marginale Konsumquote".

Bei einer logistischen Regression ist der Regressand keine metrische Variable wie der Konsum, sondern eine Wahrscheinlichkeit: Mit welcher Wahrscheinlichkeit besitzt eine Familie ein eigenes Haus? Als erklärende Variablen alias Regressoren kämen hier in Frage: Die Zahl der Kinder, das Familieneinkommen, der Wohnort und so weiter. Hier funktioniert die normale Regressionsmethodik leider nicht.

Mit einem kleinen Trick aber schon: Der besteht darin, statt der Wahrscheinlichkeiten den Quotienten „Wahrscheinlichkeit durch Gegenwahrscheinlichkeit" zu nehmen. Die Amerikaner sagen dazu auch „Odds". Generell ist im angelsächsischen Sprachraum das Argumentieren mit Odds statt mit Wahrscheinlichkeiten sehr beliebt. Man sagt nicht „Mit Wahrscheinlichkeit 80 % wird Bayern München nächstes Jahr wieder deutscher Fußballmeister", sondern: „Die Chancen stehen 4:1, dass Bayern wieder deutscher Meister wird". Eine Chance von 4:1 und eine Wahrscheinlichkeit von 80 % sind aber dasselbe. Nimmt man dann noch den Logarithmus dieses Quotienten als Regressanden, landet man wieder bei dem normalen Regressionsmodell. Ein logistisches Regressionsmodell ist also nichts anderes als ein normales Regressionsmodell, bei dem auf der linken Seite der Logarithmus des Chancenverhältnisses als Regressand erscheint.

Lohnquote

Die Lohnquote ist der Anteil der Einkommen aus abhängiger Arbeit am gesamten Volkseinkommen; sie lag in den letzten Jahren in der Bundesrepublik Deutschland bei rund 66 %.

Früher war sie höher. Aber anders als man von Gewerkschaften und Arbeitnehmervertretern immer wieder hört, signalisiert dieser Rückgang der Lohnquote für sich allein genommen noch keine Einkommensumverteilung in Richtung Arbeitgeber; er ist mit einem steigenden wie mit einem fallenden Anteil der Arbeitnehmer am Volkseinkommen gleichermaßen kompatibel.

Zunächst einmal zeigt die Lohnquote nur die Verteilung des Volkseinkommens auf Einkommensarten auf; welches die Personen sind, die diese Einkommen beziehen, bleibt dabei offen. So zählen etwa die Zinseinkünfte eines Rentnerehepaares genauso zum Einkommen aus Unternehmertätigkeit und Vermögen wie die Dividenden der Volksaktionäre oder wie die kalkulatorische Miete eines Eigenheimbesitzers; rund die Hälfte aller deutschen Arbeitnehmerhaushalte besitzen heute Immobilien, deren Erträge grundsätzlich den Unternehmen zugerechnet werden.

Auch die Einkommen der Landwirte und anderer Selbständiger, die man gemeinhin nicht zu den Kapitalisten unseres Landes rechnet, fließen in den Topf der Unternehmer. Die Lohnquote in der deutschen Landwirtschaft z. B. liegt unter 30 %; von den rund 600.000 Menschen, die dort immer noch ihr Brot verdienen, haben nur ein Fünftel Arbeitnehmerstatus, der Rest sind Selbständige oder mithelfende Familienangehörige, ihr Einkommen wird den Unternehmen zugeschlagen.

Die mehreren Millionen Euro Kontraktgehalt pro Jahr für Vorstandsmitglieder deutscher Aktiengesellschaften dagegen sind Einkommen aus abhängiger Beschäftigung, die der Lohnquote zugerechnet werden.

Auch der wachsende Dienstleistungssektor mit seinem traditionell hohen Anteil an Selbständigen muss die Lohnquote zwangsläufig drücken: die Einkommen von selbständigen Gastwirten, Ärzten, Steuerberatern oder Taxifahrern gehen der Lohnquote verloren, genauso wie die meisten inoffiziellen Einkommen aus legaler und illegaler Schattenwirtschaft, die inzwischen fast die Hälfte des „offiziellen" Sozialprodukts erreichen.

Lorenzkurve

Die Lorenzkurve – nach dem amerikanischen Statistiker Max Otto Lorenz (1876–1959) – ist ein grafisches Werkzeug zur Verdeutlichung von Ungleichheit: Wo sind die Einkommen ungleicher verteilt, in Deutschland oder in den USA? Wie verhält es sich mit der Verteilung von

Vermögen oder Grundbesitz? Oder der Verteilung der Welt-Erdölreserven auf die über 200 Staaten dieser Erde?

Der Vorschlag von Lorenz: Man sortiere die Objekte zunächst einmal der Größe nach. Also beim Merkmal Einkommen oder Vermögen: Die Habenichts zuerst, dann aufwärts bis zu den Aldi-Brüdern. Dann trage man gegeneinander ab: So und so viel Prozent der Ärmsten haben so und so viel Prozent des Gesamteinkommens, so und so viel Prozent der Ärmsten haben so und so viel Prozent oder des Gesamtvermögens usw. In Deutschland zum Beispiel besaßen im Jahr 2007 die ärmsten 60 % nur 10 % Prozent des gesamten Vermögens. Die folgende Tabelle gibt die Anteile auch für andere Gruppen wieder (Quelle: Sachverständigenrat zur Begutachtung der gesamtwirtschaftlichen Entwicklung):

Nettovermögensverteilung in Deutschland 2007

So viel Prozent (von unten gerechnet) …	… besitzen so viel Prozent des Gesamtvermögens
20 %	0 %
40 %	2 %
60 %	10 %
80 %	25 %
100 %	100 %

Daraus ergibt sich die folgende Lorenzkurve:

Lorenzkurve des Vermögens in Deutschland 2007

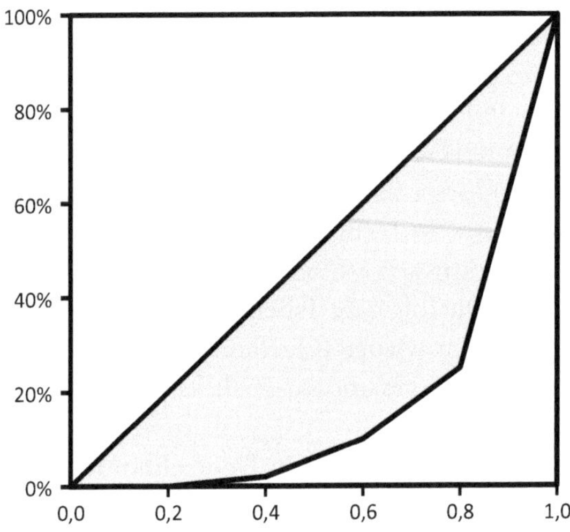

Eine Lorenzkurve liegt immer unterhalb der 45-Grad-Linie. Denn wegen der Natur der Sache können die x Prozent Ärmsten nie mehr als x Prozent des gesamten Einkommens bzw. des gesamten Vermögens besitzen. Darüber hinaus ist die Lorenzkurve immer nach unten durchgebogen (alias „konvex"). Auch das ist durch die Natur der Daten vorgegeben: Der Anteil des Gesamteinkommens oder des Gesamtvermögens, der auf sukzessive gleich große Teilgruppen der Einkommens- bzw. Vermögensbesitzer entfällt, muss mit wachsendem Einkommen oder Vermögen ebenfalls wachsen.

Je stärker durchgebogen eine Lorenzkurve, desto größer die Ungleichheit. Deswegen bietet es sich an, die Fläche

Bei einer ungeraden Anzahl von Datenpunkten ist das kein Problem. Oben stehen sieben Figuren. Die vierte ist der Median. Bei acht Figuren hätten wir zwei Kandidaten. Sind diese gleich groß, gibt es wieder kein Problem. Sind die verschieden groß, ist der Median nicht eindeutig und beide Kandidaten dürfen sich so nennen (oder man nimmt ein Mittel von beiden).

Anders als das arithmetische, geometrische und harmonische Mittel lässt sich der Median auch für sogenannte *ordinale* Daten berechnen. Das sind Merkmale, deren Ausprägungen nicht mehr addier- und multiplizierbar, aber immerhin noch der Größe nach sortierbar sind. Für den durchschnittlichen Dienstgrad bei der Bundeswehr z. B. ist das arithmetische Mittel keine Hilfe, den Median gibt es aber weiterhin. Vermutlich ist das der „Feldwebel". Außerdem ist der Median robust gegen Ausreißer. Das sind Datenpunkte, die – durch Tippfehler oder andere Gründe – extrem von den anderen abweichen. Wird im obigen Beispiel eine Körpergröße von 1,92 Metern beim Eintippen zu einer Körpergröße von 19,2 Metern, ist das dem Median egal. Die anderen Mittelwerte dagegen geraten völlig aus dem Takt. Und anders als andere Mittelwerte kommt der Median auch sicher im tatsächlichen Leben vor, eine Durchschnittsfamilie mit 1,3 Kindern gibt es da nicht.

So wie das arithmetische Mittel hat auch der Median eine schöne Optimalitätseigenschaft: Addiert man für alle Merkmalswerte die absoluten Abweichungen, so ist diese Summe für keinen Mittelwert kleiner als für den Median. Nehmen wir als Beispiel die Körpergröße des Männchens Nr. 4 in der obigen Grafik. Diese Größe ist der Median. Legen wir hier 1 cm zu, ändern sich die absoluten Abweichungen. Für zwischen der 45-Grad-Linie und der Lorenzkurve zum Kriterium der Ungleichheit zu machen. Diese Fläche – auch „Konzentrationsfläche" genannt – liegt zwischen 0 und 1/2. Haben alle das Gleiche, fällt die Lorenzkurve mit der 45-Grad-Linie zusammen, und die Ungleichheit ist 0. Je weniger der Gesamtsumme auf die Kleinsten und je mehr der Gesamtsumme auf die Größten entfällt, desto näher kommt die Konzentrationsfläche dem Maximalwert von 1/2.

Das Doppelte der Konzentrationsfläche heißt auch *Gini-Koeffizient* (nach dem italienischen Statistiker Corrado Gini, 1884–1965). Der Gini-Koeffizient für die Einkommensungleichheit liegt in Deutschland bei 0,30. Damit liegen wir unter allen 34 OECD-Staaten in der Mitte. Die niedrigste Ungleichheit in der OECD gibt es in Slovenien mit 0,24, die höchste in Chile mit 0,49.

Median

Der Median alias Zentralwert einer Datenmenge ist der Wert, der nach dem Aufreihen der Größe nach in der Mitte steht.

Das ist der Median

das Männchen selbst und alle Figuren links davon wird sie um 1 cm größer, für alle Figuren rechts davon wird sie um 1 cm kleiner. Also wird sie für vier Figuren größer und für drei Figuren kleiner, in der Summe damit größer.

Genauso muss die Summe wachsen, wenn wir vom Median 1 cm abziehen. Damit ist die Summe der Abweichungen für den Median selber minimal.

Bei Merkmalen wie Einkommen, Vermögen oder Grundbesitz, wo die Masse der Merkmalsträger wenig, und wenige Merkmalsträger viel besitzen, ist der Median immer kleiner als das arithmetische Mittel. Solche Verteilungen heißen auch *linksschief*. So beträgt etwa das arithmetische Mittel aller Geldvermögen in Deutschland (Netto, Stand 2010) 195.000 Euro, der Median dagegen nur 51.000 Euro. Hier ist der Unterschied extrem.

Sind die Merkmalsausprägungen noch nicht einmal der Größe nach sortierbar (solche Daten heißen *qualitativ*), hilft auch der Median nicht weiter. Hier bleibt als Durchschnitt nur der Modalwert übrig. Das ist Angeberdeutsch für „häufigster Wert". Der Modalwert der Variablen „Religion" in Deutschland ist „katholisch". Zu dieser Glaubensgemeinschaft bekennen sich 24 Millionen Bundesbürger (Stand 2013), mehr als zu jeder anderen.

Meinungsumfragen

Meinungsumfragen erfragen unsere Meinung. Welches ist Ihr liebstes Fernsehprogramm? Sind Sie für ein Tempolimit auf deutschen Autobahnen? Wie würden Sie wählen, wenn am nächsten Sonntag Bundestagswahl wäre?

Da ist man schon versucht zu denken: Was ist einfacher als das? Der eine fragt, der andere antwortet, wo ist hier ein Problem?

Davon gibt es leider eine ganze Menge. Oft z. B. sind in solche Umfragen die Antworten gleich mit eingebaut. Nach einer Umfrage der IG Metall z. B. lehnen 95 % aller bundesdeutschen Arbeitnehmer das Arbeiten am Samstag ab. „Votum für das freie Wochenende" steht auf dem Fragebogen obenan. „Die Gewerkschaften haben die 5-Tage-Woche von montags bis freitags in den fünfziger/sechziger Jahren durchgesetzt (…). Dadurch sind für alle zusätzliche Möglichkeiten gemeinsamer Freizeitgestaltung entstanden, an die wir uns gewöhnt haben. Was entspricht Deiner/Ihrer Meinung?" Und dann folgen diese Auswahlmöglichkeiten:

- Nach meiner Ansicht wäre die Abschaffung des freien Wochenendes ein schwerer Schlag für Familie, Freundschaften, Partnerschaften, für Geselligkeit, Vereine, den Sport und das Kulturleben.
- Ich halte den gemeinsamen Freizeitraum des Wochenendes für nicht so wichtig. Seine Abschaffung würde zur besseren Auslastung der Freizeit- und Verkehrseinrichtungen führen.
- Weiß nicht/keine Angabe.

Genauso ist auch zum Stichwort „Der Samstag" die Antwort gleich mit eingebaut: „Die Arbeitgeber und manche Politiker wollen vor allem den Samstag wieder zum normalen Arbeitstag machen" heißt es hier. „Wie wäre das, wenn Du/Sie regelmäßig am Samstag arbeiten müsstest/müssten? Würde mir nichts ausmachen (1) Wäre Verlust an Lebensqualität (2)“. Die 95 % aller Stimmen für Alternative 2 überraschen hier niemanden. Viel eher sollte schon bedenklich stimmen, dass trotz dieses ideologischen Trommelfeuers immerhin noch 5 % aller Befragten ihr Kreuz dort markierten, wo es für einen Gewerkschafter eigentlich nicht hingehört.

Bei Ja-Nein-Entscheidungen ist es ferner wichtig, welche Alternative in der Ja-Form steht. Denn die meisten Menschen sagen lieber ja. Amerikanische Meinungsforscher haben einmal gefragt: „Stimmen Sie der Behauptung zu: Für die zunehmende Kriminalität in unserem Land sind in erster Linie die Menschen mit ihrem individuellen Fehlverhalten und nicht die gesellschaftlichen Verhältnisse verantwortlich?“ Rund 60 % der Befragten sagten ja. Eine zweite Gruppe wurde gefragt: „Stimmen Sie der Behauptung zu: Für die zunehmende Kriminalität in unserem Land sind in erster Linie die gesellschaftlichen Verhältnisse und nicht die Menschen mit ihrem individuellen Fehlverhalten verantwortlich?“ Und wieder sagten 60 % der Befragten ja.

Auch die Reihenfolge der Fragen ist nicht egal. Die Frage „Befürworten Sie Meinungsfreiheit auch für Neonazis“ wird von mehr Menschen mit „ja“ beantwortet, wenn zuvor gefragt wurde, ob man generell ein Freund der Meinungsfreiheit sei. Ganz allgemein bestimmt der Zusammenhang, in dem eine Frage auftaucht, die Antworten entscheidend mit. Die Einstellung der Deutschen zu Studiengebühren etwa ist eine andere, je nachdem ob die voraufgegangen Fragen die Geldnöte der deutschen Studenten oder die Geldnöte der deutschen Universitäten zum Inhalt hatten, und genauso hängen auch die Antworten zur Asylproblematik, zu Auslandseinsätzen der Bundeswehr, zur Genforschung und Gott weiß was alles unter anderem auch davon ab, was sonst noch in dem Fragebogen steht.

Ein weiterer Störfaktor ist der Interviewer. Wenn in den USA weiße Frauen weiße Frauen fragen: „Sind Sie für die Todesstrafe?" kommt etwas anderes heraus als wenn schwarze Männer weiße Frauen fragen. Bei einer Umfrage zur Rassendiskriminierung unter schwarzen amerikanischen Soldaten fühlten sich 11 % der Befragten diskriminiert, wenn der Fragesteller ein Weißer war. War der Fragesteller ebenfalls ein Schwarzer, stieg der Prozentsatz auf 35 %.

Oder die Befragten reden den Befragern nach dem Mund. So achten die Deutschen beim Autokauf in erster Linie auf Sicherheit und Benzinverbrauch (57 % bzw. 53 % der Befragten), kaum dagegen auf PS (22 %) oder Geschwindigkeit (16 %) – es gehört sich eben so. 73 % der Deutschen wollen ihre Organe spenden, 76 % sehen im Fernsehen am liebsten die Nachrichten, 91 % lehnen Gewalt gegen Asylbewerber ab – alles politisch sehr korrekt, aber ob diese Antworten wirklich des Volkes wahre Meinung wiedergeben, weiß der liebe Gott allein.

Umfrageprofis wie Allensbach, Emnid, Forsa, Infratest oder die Forschungsgruppe Wahlen wissen natürlich diese Fallen zu umgehen. Statt zu fragen: „Was denken Sie zum Thema x?" fragen sie etwa: „Was denken Sie, denken Ihre Landsleute zum Thema x?" So kommt man der wahren Meinung des Volkes eher auf die Spur.

Mengenindices

Den Preisindex für die Lebenshaltung kennt jeder. Das ist nur einer, wenn auch der bekannteste, von Dutzenden von Preisindizes, die es in Deutschland gibt. Daneben berechnet die deutsche Amtsstatistik noch Preisindices für den Großhandel, den Immobilienbau, für Importe und Exporte und für gewerbliche Produkte. Hier gehen vor allem die Vorleistungen ein, aus denen letztendlich die Konsumgüter entstehen.

Aber die Preise bestimmen die Wirtschaft nicht allein. Eigentlich noch viel wichtiger sind die Mengen: Essen wir heute mehr Fleisch, Butter, Gemüse, Blumenkohl und Eier als vor 10 oder 20 Jahren? Produziert die deutsche Industrie heute mehr oder weniger Kühlschränke, Arzneimittel, Autos, Güterzugwaggons und Steinkohlebriketts als zu Seiten Konrad Adenauers? Ganz allgemein: Wie verändern sich die Mengen der gehandelten, konsumierten und produzierten Güter und Dienstleistungen mit der Zeit?

Die Antwort darauf liefern sogenannte Mengenindizes. Wie viel haben wir in diesem Jahr verglichen mit – sagen wir dem Jahr 2000 – rein mengenmäßig produziert? Das sagt uns der Produktionsindex für das produzierende Gewerbe des Statistischen Bundesamtes. Demnach wurden etwa rein mengenmäßig in Deutschland im April 2014 rund 46 Prozent mehr Investitionsgüter hergestellt als im April 2000.

Oder Konsumgüter. So wie bei den Preisen ist der Vergleich bei einem einzigen Gut nicht schwer: Ein Pfund Butter kostet heute rund ein Viertel des Preises von 1980, und im Durchschnitt isst jeder Deutsche 14 Prozent weniger

(6 Kilo pro Kopf im Jahr 2012 verglichen mit 7 Kilo pro Kopf im Jahr 1980. Den höchsten Verbrauch hatten wir 1963 mit neun Kilo Butter pro Kopf und Jahr). Kommt aber noch der Käse dazu, wird das schon schwieriger, wie bei den Preisänderungen ist hier aus den Mengenänderungen ein Durchschnitt zu bilden. Und wie schon bei den Preisen gibt es dazu leider keine eindeutige Vorschrift, alle Regeln haben ihre Vor- und Nachteile.

Der Preisindex von Laspeyres etwa ist ein gewichtetes arithmetisches Mittel der individuellen Preisverhältnisse. Dabei sind die Gewichte die Ausgabenanteile in der Ausgangs- alias Basisperiode. Genauso verfährt der Mengenindex von Laspeyres: Das ist ein gewichtetes arithmetisches Mittel der individuellen Mengenverhältnisse, mit Gewichten wie gehabt, also den Ausgabenanteilen in der Basisperiode. Wenn der Butterverbrauch von 1980 bis 2012 um 14 % sinkt und der Käseverbrauch von 1980 bis 2012 um 50 % steigt, entsprechend Mengenverhältnissen von 0,84 und 1,5 , und wir 1980 doppelt so viel für Käse wie für Butter ausgegeben haben, liefert das einen Mengenindex von

$$(1/3) \cdot 0{,}84 + (2/3) \cdot 1{,}5 = 1{,}28.$$

Im Durchschnitt sind also die verbrauchten Mengen um 28 % gestiegen.

Jetzt wäre es natürlich wünschenswert, aus einem Preisindex und einem Mengenindex den Anstieg (oder den Rückgang) des Gesamtwertes zu rekonstruieren. Wenn die Mengen sich im Durchschnitt verdoppeln und die Preise ebenfalls, dann müssten sich doch die Gesamtausgaben bzw. -umsätze vervierfachen?

Leider funktioniert das nicht. Und es kann auch gar nicht funktionieren. Wie der berühmte Irving Fisher (1867–1947) schon vor hundert Jahren in seinem fundamentalen Buch über Indexzahlen nachgewiesen hat, gibt es keine vernünftige Indexformel mit dieser Eigenschaft, die zugleich auch eine Reihe anderer, genauso vernünftiger Anforderungen („Axiome") erfüllt.

Die obige Eigenschaft heißt „Faktorumkehrtest". Das ist sozusagen ein Teil der großen Aufnahmeprüfung, die jede Indexformel zu bestehen hat, bevor sie in die Lehrbücher der Statistik aufgenommen wird. Ein anderer ist die sogenannte Rundprobe: Wenn sich die Preise von heute auf morgen im Durchschnitt verdoppeln und von morgen auf übermorgen ebenfalls, dann sollten sie sich doch wohl von heute auf übermorgen vervierfachen? Aber schon der Preisindex von Laspeyres macht an dieser Stelle schlapp. Und so gibt es noch eine Reihe weiterer sinnvoller Mindestbedingungen (die berühmten Fisher-Tests), die man von jeder vernünftigen Indexformel erwarten sollte. Und wie Fisher nachgewiesen hat, gibt es leider keine einzige, die alle diese Prüfungen gleichermaßen gut besteht.

Methode der Kleinsten Quadrate

Die „Methode der Kleinsten Quadrate" passt eine Gerade an eine Punktwolke an. Sie geht auf Carl Friedrich Gauss (1777–1855) zurück, den größten Mathematiker – und nebenbei auch Hobbystatistiker – aller Zeiten. Unabhängig von Gauss hatte auch der französische Mathematiker Adrien Marie Legendre (1752–1833) die gleiche Idee. Und zwar die folgende: Gegeben eine Punktwolke wie diese,

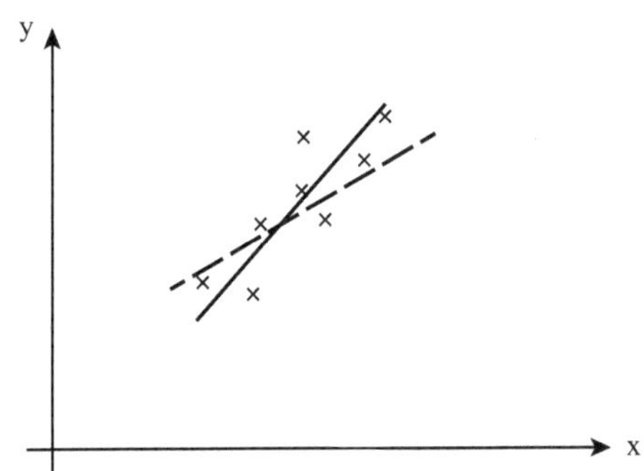

lege eine Gerade so hindurch, dass die Summe der quadrierten vertikalen Abstände so klein wie möglich wird.

Auch weitere Vorschläge sind denkbar. Etwa: Lege die Gerade so, dass die Summe der absoluten Abstände so klein wie möglich wird (ein Vorschlag der französischen Mathematiker Pierre Simon Laplace und R. J. Boscovich). Oder lege die Gerade so, dass der maximale Abstand so klein wie möglich wird. Aber diese Probleme sind mathematisch nicht einfach zu lösen.

Anders als die anderen ist die Gauss-Gerade dagegen leicht zu finden, und das erklärt zum Teil auch ihre Popularität: Sie geht immer durch den Punkt, der als Koordinaten die arithmetischen Mittel der x- und y-Werte hat. Die Steigung ist der Bravais-Pearson Korrelationskoeffizient mal die Standardabweichung von Y, geteilt durch die Standardabweichung von X. Bei den anderen Verfahren ist die gesuchte Gerade nur mit einem erheblich größeren Rechenaufwand zu finden.

Einen weiteren Teil ihrer großen Beliebtheit verdankt die Methode der Kleinsten Quadrate einer Optimalitätseigenschaft. Viele Wissenschaften untersuchen Kausalbeziehungen zwischen einer abhängigen Variablen Y und einer unabhängigen Variablen X von der Form

$$Y = a + bX,$$

siehe auch den Stichwortartikel Regressionsrechnung. In der Volkswirtschaftslehre etwa ist X das Einkommen und Y der Konsum. Die Koeffizienten a und b sind in der Regel unbekannt.

Würde obige Gleichung exakt gelten, könnte man a und b aus den beobachteten X- und Y-Werten exakt berechnen. In aller Regel wird die obige Beziehung aber noch „gestört" – die beobachteten Werte von X und Y liegen nicht exakt auf der durch die Gleichung gegebenen Geraden, sondern leicht chaotisch darunter oder darüber. Dann kann man zeigen, dass die Kleinst-Quadrate-Gerade die wahre, aber unbekannte Gerade Y = a + bX unter gewissen Umständen und in einem gewissen Sinn bestmöglich approximiert (das berühmte „Gauss-Markov-Theorem").

Mikrozensus

Der Mikrozensus ist eine regelmäßige jährliche Stichprobe von einem Prozent aller deutschen Haushalte. Er wird seit 1957 vom Statistischen Bundesamt in Wiesbaden als eine Art „Mini-Volkszählung" durchgeführt und fragt u. a. nach Alter, Geschlecht und Staatsangehörigkeit der im Haushalt lebenden Personen, nach Bildungsabschlüssen und Erwerbsbeteiligung, auch nach dem Einkommen. So wissen wir etwa durch den Mikrozensus, dass es in Deutschland immer mehr kleine und immer weniger große Haushalte gibt (keine Überraschung), dass die Zahl der Haushalte insgesamt gesehen steigt, dass immer mehr Arbeitnehmer mit befristeten Verträgen arbeiten, dass immer mehr Bundesbürger das Abitur besitzen (jeder vierte über 18 hat inzwischen diesen Schein), oder dass es 1972 in den alten Bundesländern nur 25.000 nichteheliche Lebensgemeinschaften mit Kindern gab, 1999 schon 349.000, und im Jahr 2012 insgesamt 536.000.

Seinen besonderen Charme bezieht der Mikrozensus aber aus themenspezifischen Zusatzerhebungen, die weit zuverlässiger als die üblichen 2000-Personen-Stichproben unserer privaten Meinungsforscher Licht in die verschiedensten Ecken unseres Sozialgefüges werfen. So wissen wir etwa aus dem Mikrozensus, dass nur jeder fünfte Deutsche seine Gesundheit selbst als „optimal" bezeichnet, oder dass zwei Drittel aller Erwerbstätigen mit dem eigenen PKW zur Arbeit fahren. Nur jeder achte fährt mit Bus oder Bahn (in den Städten mehr als auf dem Land), jeder fünfte nimmt das Fahrrad oder geht zu Fuß. Oder dass die Erwerbstätigkeit als vorrangige Quelle des Lebensunterhalts nach einem Abwärtsknick um die Jahrtausendwende wieder an Bedeutung zunimmt: Lebten 1991 noch 45 % der Bevölkerung überwiegend von ihrem Erwerbseinkommen, so waren es 1999 nur noch 41 %, und im Jahr 2012 dann wieder 44,5 %. Die anderen leben vorwiegend von Renten, Zinsen, Dividenden, Mieteinkünften, Schwarzarbeit oder Hartz IV.

Multiplikationsregel

Die Multiplikationsregel bestimmt die Wahrscheinlichkeiten von sogenannten „zusammengesetzten" zufälligen Ereignissen. Betrachten wir etwa das Ereignis: „Der Gewinner des nächsten Jackpots im Lotto kommt aus Niedersachsen". Die Wahrscheinlichkeit dafür ist die Anzahl der Tippreihen, abgegeben von Bewohnern des schönen Bundeslandes Niedersachsen, geteilt durch die abgegebenen Tippreihen insgesamt. Einmal angenommen, dies entspräche grob dem Anteil an der Gesamtbevölkerung. Dann wären das 10 %. Jetzt betrachten wir ein weiteres zufälliges Ereignis: „Der Gewinner des nächsten Jackpots ist eine Frau". Die zugehörige Wahrscheinlichkeit ist ebenfalls leicht auszurechnen: Tippscheine, die von Frauen abgegeben werden, geteilt durch Tippscheine insgesamt. Wenn wir auch hier wieder unterstellen, das entspräche dem Anteil an der Gesamtbevölkerung, ergäbe das 51 %.

Jetzt haben wir zwei Ereignisse: „Der Gewinner kommt aus Niedersachsen" und „der Gewinner ist eine Frau". Daraus lassen sich verschiedene neue Ereignisse zusammensetzen:

- „Der Gewinner kommt aus Niedersachsen *und* ist eine Frau",
- „Der Gewinner kommt aus Niedersachsen *oder* ist eine Frau",
- „Der Gewinner ist *weder* weiblich *noch* aus Niedersachsen",
- „Der Gewinner ist weiblich, *aber nicht* aus Niedersachsen",

- „Der Gewinner ist männlich *und* aus Niedersachsen", usw.

Bei der Berechnung der ersten Wahrscheinlichkeit hilft die Multiplikationsregel. Sie sagt: Wenn zwei Ereignisse unabhängig sind, dann ist die Wahrscheinlichkeit für beide zusammen gerade das Produkt der Einzelwahrscheinlichkeiten.

Sind die beiden Ereignisse „Gewinner kommt aus Niedersachsen" und „Gewinner ist weiblich" unabhängig? Unabhängig heißt: Wenn das eine Ereignis eintritt, liefert das keine Information über das andere. Das sei hier einmal unterstellt. Damit beträgt die Wahrscheinlichkeit dafür, dass der nächste Lottogewinner eine Frau aus Niedersachsen ist,

$$0{,}1 \cdot 0{,}51 = 0{,}051 = 5{,}1\%.$$

Bei der zweiten Wahrscheinlichkeit hilft die *Additionsregel*. Die Additionsregel sagt, mit welcher Wahrscheinlichkeit ein Ereignis *oder* ein anderes eintritt. Sind die beiden Ereignisse unvereinbar (damit ist gemeint: Sie können nicht gleichzeitig eintreten), ist das gerade die *Summe* der Einzelwahrscheinlichkeiten. Ansonsten ist von dieser Summe noch die Wahrscheinlichkeit abzuziehen, dass beide Ereignisse zusammen eintreten. Für „Gewinner aus Niedersachen *oder* Frau" liefert das

$$0{,}1 + 0{,}51 - 0{,}051 = 0{,}559 = 55{,}9\%.$$

- Die zentrale Grundvoraussetzung der Multiplikationsregel, die Unabhängigkeit, ist in jedem Fall zu kontrollieren.

Andernfalls führt diese zu oft folgenreichen Fehlern. Einen haben wir im Stichwortartikel „bedingte Wahrscheinlichkeiten" im Fall der unglücklichen Sally Clark gesehen, deren zwei Kinder beide an plötzlichem Kindstod verstorben waren. Dieses Schicksal trifft eines von rund zweitausend Kindern jedes Jahr. Dass also beide Kinder derart sterben, so eine „Experte" vor Gericht, hätte eine Wahrscheinlichkeit von

$$(1/2000) \cdot (1/2000) = 1/4 \,\text{Mio},$$

und das sei derart unwahrscheinlich, dass von Mord und Vorsatz ausgegangen werden müsse.

In Wahrheit sind diese Ereignisse natürlich alles andere als unabhängig. Sollte etwa der plötzliche Kindstod genetische Ursachen haben, so ist die Wahrscheinlichkeit von zwei Todesfällen weit größer als das Produkt der Einzelwahrscheinlichkeiten. Aber auch andere Ursachen wie etwa Umweltgifte können die Wahrscheinlichkeit für zwei Fälle in der gleichen Familie erhöhen.

Nonsenskorrelation

In der Wissenschaftszeitschrift *Nature* war vor Jahren die folgende Grafik zu sehen. Sie zeigt auf der einen Achse die Zahl der Geburten und auf der anderen die Zahl der Klapperstörche in der Bundesrepublik. Und wie wir sehen, ist die Korrelation fast schon perfekt – der Beweis, dass der Storch die Kinder bringt.

Klapperstörche und Geburten in der Bundesrepublik

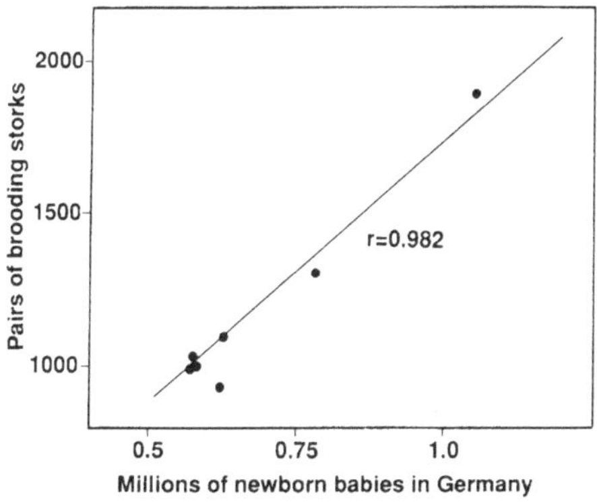

In Wahrheit ist das natürlich das perfekte Beispiel einer sogenannten Nonsens- oder Scheinkorrelation. Und natürlich hat auch *Nature* nie ernsthaft behauptet, die Störche hätten kausal etwas mit den Geburten zu tun. Vielmehr wollte man darauf hinweisen, dass, wenn immer zwei Variablen den gleichen Trend aufweisen, automatisch eine hohe positive Korrelation entsteht.

In diesem Fall war der Trend negativ: Sowohl Geburten als auch Klapperstörche nahmen in dem dieser Grafik zugrunde liegenden Zeitraum zahlenmäßig ab.

Der Ausdruck Nonsenskorrelation für solche Phänomene trifft das gemeinte leider nicht genau. Denn die Korrelation ist ja tatsächlich da. Nonsens ist nur der Schluss, dass dann auch eine der beiden Variablen kausal für die andere verantwortlich zu machen ist.

Der Verursacher solcher Nonsenskorrelationen ist meist eine dritte Variable im Hintergrund, von der die beiden anderen gemeinsam abhängen. In vielen Fällen ist das die Zeit:

Beide Variablen nehmen über die Zeit hinweg systematisch zu oder ab. Nehmen beide zu oder beide ab, entsteht eine positive Korrelation. Nimmt die eine zu und die andere ab, entsteht eine negative Korrelation. Aber eine Kausalbeziehung folgt daraus in keinem Fall.

Auch andere Hintergrundvariablen für Nonsenskorrelationen sind denkbar. So gibt es etwa bei Männern eine negative Korrelation zwischen dem Einkommen und der Anzahl der Haare auf dem Kopf. Auch hier nützt es wahrscheinlich wenig, sich eine Glatze scheren zu lassen, um damit das Einkommen zu erhöhen. Diese Korrelation kommt dadurch zustande, dass oft bei Männern mit wachsendem Lebensalter das Einkommen wächst und die Haare ausfallen. Die amerikanische Netzseite http://www.tylervigen.com/ macht sich einen Spaß daraus, dergleichen Nonsenskorrelationen zu sammeln. Hier ist ein Fundstück, ich lasse es mal ohne Kommentar so stehen:

Beispiel einer Nonsenskorrelation aus http://www.tylervigen.com/

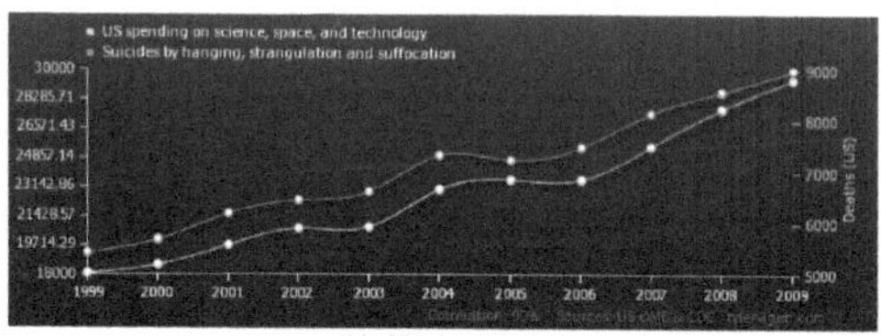

	1999	2000	2001	2002	2003	2004	2005	2006	2007	2008	2009
US spending on science, space, and technology — Millions of todays dollars (US OMB)	18,079	18,594	19,753	20,734	20,831	23,029	23,597	23,584	25,525	27,731	29,449
Suicides by hanging, strangulation and suffocation — Deaths (US) (CDC)	5,427	5,688	6,198	6,462	6,635	7,336	7,248	7,491	8,161	8,578	9,000

Correlation: 0.992082

Normalverteilung

Eine Variable wie die Geschwindigkeit der an unserem Gartentor vorbeifahrenden Autos oder unser Kontostand am Monatsende heißt „normalverteilt", wenn ihre Werte sich verteilen wie die berühmte Gauss'sche Glockenkurve: Die meisten in der Mitte, und nach den Rändern immer weniger. Deshalb heißt die Normalverteilung auch Gauss-Verteilung. Ein Beispiel ist die Körpergröße aller erwachsenen deutschen Männer. Diese konzentriert sich um die 180 cm. Nach oben und unten nimmt die Häufigkeit dann ab. Das folgende Histogramm stellt diese Verteilung grafisch dar. Wie man etwa sieht, sind rund 10 Millionen Männer zwischen 175 cm und 180 cm groß. (Quelle: Sozioökonomisches Panel 2007):

Körpergröße deutscher Männer

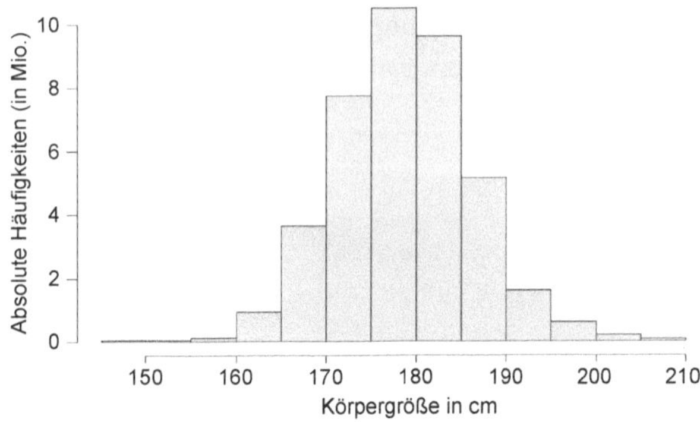

Weitere Beispiele für normalverteilte Variable sind der Intelligenzquotient, die täglichen Renditen von Aktien der

Deutschen Bank (wie von anderen Dividendenpapieren auch, siehe Stichwortartikel „Histogramm"), das Schlachtgewicht von Mastochsen der Rasse Pinzgauer, die jährlichen Niederschläge in mm am Flughafen Frankfurt/Main, der Hektarertrag an Weizen eines bestimmten Feldes über mehrere Jahre usw. Das alles sind Variable, die wie der Intelligenzquotient als Summe vieler zufälliger Einflüsse entstehen. Der Intelligenzquotient z. B. hängt von den Genen, den Eltern, den Lehrern, den Geschwistern, den Spielkameraden, ja sogar von der Ernährung ab. Dann sagt der berühmte „Zentrale Grenzwertsatz", dass die Summe dieser Zufallseinflüsse approximativ einer Normalverteilung folgen muss. Und zwar ganz gleich, welchen Gesetzen die einzelnen Summanden unterliegen.

Vom Zentralen Grenzwertsatz überzeugt man sich am besten durch ein Experiment: 100-mal würfeln, Ergebnisse notieren: Die Zahlen 1 bis 6 kommen in etwa gleich oft vor, von Normalverteilung keine Spur. Dann Paare aufaddieren: Es können sich die Summen 2 bis 12 ergeben, die sehen schon normalverteilter aus. Wenn wir drei Zahlen aufaddieren, sehen die möglichen Summen von 3 bis 18 nochmals normalverteilter aus, usw.: Je mehr unabhängige Summanden in die Summe eingehen, desto perfekter nähert sich deren Verteilung der Gauss'schen Glockenkurve an.

Optionsbewertung

Eine Option ist das Recht, irgendetwas zu tun. Solche Rechte kann man kaufen. Sehr beliebt sind Kauf- und Verkaufsoptionen für Wertpapiere, besonders für Aktien. Eine

Kaufoption für eine VW-Aktie, Basis 100 Euro, Laufzeit Jahresende, gibt dem Inhaber das Recht, bis Jahresende vom Verkäufer der Option eine VW-Aktie für 100 Euro zu kaufen. Eine Verkaufsoption für eine VW-Aktie, Basis 100 Euro, Laufzeit Jahresende, gibt dem Inhaber das Recht, dem Verkäufer der Option bis Jahresende eine VW-Aktie für 100 Euro anzudienen. So kann sich ein Aktienbesitzer etwa gegen Kursverlust sichern: Der Kurs kann fallen, wie er will, der Optionsbesitzer hat seine 100 Euro sicher.

Der Verkäufer einer Option heißt auch „Stillhalter" – er hält still und wartet, was der andere tut. Dieses Stillhalten ist aber nicht umsonst zu haben. Was also ist der korrekte Preis einer Option?

Die Antwort ist verblüffend einfach, zumindest im Prinzip; sie hat den amerikanischen Finanzwirtschaftlern Myron Scholes und Robert Merton den Nobelpreis für Wirtschaftswissenschaften 1994 eingebracht. (Der ebenfalls an der Entwicklung der Preisformel maßgeblich beteiligte Fischer Black war kurz zuvor gestorben). Die Grundidee ist: Wir konstruieren eine Wertpapieranlage, die zum Verfallszeitpunkt die gleiche Ausschüttung erzeugt wie unsere Option. Angenommen etwa, es gibt nur zwei mögliche Werte für den künftigen Aktienkurs, einen Kurs K1 über und einen Kurs K2 unter dem aktuellen Kurs. Der „Basispreis" K, das ist der Preis, zu dem der Optionsinhaber die Aktie kaufen kann, liege ebenfalls zwischen K1 und K2. Ergibt sich der hohe Kurs K1, hat der Optionsinhaber Glück. Er bekommt die Aktien für K und kassiert die Differenz K1-K (etwa indem er die Aktien sofort für K1 verkauft). Ergibt sich der niedrige Kurs K2, hat der Optionsinhaber Pech. Er könnte zwar die Aktie für einen Preis von K kaufen, aber das nützt ihm nichts – an der Börse bekommt er sie für K2, und das ist billiger. Er oder sie lässt also die Option verfallen und erhält nichts.

Damit kommen zwei Möglichkeiten in Frage: entweder K1-K kassieren oder nichts kassieren. Und diese beiden Möglichkeiten lassen sich auch noch auf eine zweite Weise erzeugen. Nämlich indem man sich einen Teil des Geldes für den Kauf der Aktie leiht, den Rest – nennen wir den einmal C – aus eigener Tasche zuzahlt, und am Verfallstag die Aktie zum Kurs von entweder K1 oder K2 verkauft. Der Trick besteht darin, den „Eigenbeitrag" C derart zu wählen, dass nur die folgenden beiden Szenarien übrig bleiben: Ist der Kurs auf K2 gefallen, reicht der Erlös gerade aus, den Kredit zurückzuzahlen. Ist der Kurs auf K1 gestiegen, zahle ich den Kredit zurück und behalte K1-K übrig. Mit anderen Worten, ich investiere heute C, und erhalte morgen entweder nichts – wenn der Kurs auf K2 fällt – oder K1-K – wenn der Kurs auf K1 steigt.

Das ist aber das gleiche Auszahlungsmuster wie bei unserer Option. Also ist C der korrekte Preis für diese Kaufoption.

Die Kräfte des Marktes sorgen sehr genau dafür, dass dieser Preis auch eingehalten wird. Wäre die Option teurer, könnte man sie verkaufen und für einen Einsatz C alle künftigen Stillhalter-Verpflichtungen abdecken. Der Fachausdruck dafür ist „Arbitrage". Die Differenz von Optionspreis und C wäre ein risikoloser Gewinn. Wäre die Option billiger als C, wäre es umgekehrt lohnend, sie zu kaufen, und das oben skizzierte Portfolio für einen Preis C zu verkaufen – die Differenz wäre ebenfalls ein risikoloser Arbitragegewinn. Und weil risikolose Gewinne an der Börse schnellstens glattgebügelt werden, bleibt nur ein einziger Preis für unsere Option, nämlich gerade C.

Nach dem gleichen Muster findet man auch den korrekten Preis für Verkaufsoptionen, genauso wie den korrekten Preis für kompliziertere Kursverläufe des zugrundeliegenden Basispapiers: Finde eine Anlagestrategie mit dem gleichen Auszahlungsmuster wie die Option; dann muss der Optionspreis genau dem Preis dieser Anlage entsprechen.

Paneldaten

Lange Zeit mussten empirisch arbeitende Statistiker mit zwei Typen von Daten auskommen. Einmal mit den Werten einer bestimmten Variablen wie Arbeitslosenquoten oder Sozialprodukt über die Zeit hinweg (siehe dazu auch den Stichwortartikel „Zeitreihen"), und einmal mit sogenannten Querschnittsdaten. Ein Beispiel sind die Einwohnerzahlen aller deutschen Städte und Gemeinden am 31. Dezember 2014.

In Paneldatensätzen werden diese Zeitreihen- und Querschnittsaspekte kombiniert, etwa die Einwohnerzahlen aller deutschen Städte und Gemeinden für die letzten 50 Jahre. So lässt sich auch die Dynamik räumlicher Verschiebungen erfassen. Der wichtigste derartige Datensatz ist das sogenannte „Sozioökonomische Panel" (SOEP). Das umfasst 12.000 zufällig ausgewählte deutsche Privathaushalte, die werden jährlich nach Einkommen, Gesundheit, Ausbildung oder Arbeitslosigkeit und vielen anderen Eigenschaften befragt. Viele der in diesem Buch verwendeten Beispielzahlen entstammen dieser Quelle. So erfährt man etwa, wie lange

Arbeitslose im Durchschnitt keine Arbeit haben, wie zufrieden die Deutschen mit ihrem Leben sind, oder wie lange sie im Durchschnitt in einer Wohnung leben.

Das SOEP gibt es seit 1984. Es wurde zunächst von der Deutschen Forschungsgemeinschaft finanziert und ist heute eine beim Deutschen Institut für Wirtschaftsforschung (DIW) angesiedelte Serviceeinrichtung des Bundesministeriums für Bildung und Forschung sowie des Landes Berlin. Weltweit greifen jährlich mehrere hundert Forscher und Forscherinnen auf diese Dienstleistungen zurück.

Polizeiliche Kriminalstatistik

Die polizeiliche Kriminalstatistik sammelt alle in einem Jahr in Deutschland gemeldeten Verbrechen und Vergehen (ausgenommen politisch motivierte sowie Steuer- und Verkehrsdelikte). Jedes Jahr im Mai wird sie vom Bundesinnenminister einer mal überraschten, mal entsetzten Öffentlichkeit präsentiert. Für das Jahr 2013 etwa finden wir hier 2122 Fälle von Mord und Totschlag (4 weniger als das Jahr zuvor), 37.427 Kfz-Diebstähle, 8021 Fälle von Betrug mittels rechtswidrig erlangter Kreditkarten, 7595 Fälle von unerlaubtem Umgang mit gefährlichen Abfällen, oder 356.152 Ladendiebstähle. Unter http://www.bka.de/DE/Publikationen/PolizeilicheKriminalstatistik finden Interessierte mehr.

Diese Zahlen sind als solche nicht zu beanstanden. Ein regelmäßiges Ärgernis ist aber deren Vergleich über Ort und Zeit. So führt etwa regelmäßig die arme Stadt Frankfurt die Liste der deutschen Verbrechens-Zentren an. Dazu wird die Zahl der in einer Stadt erfassten Straftaten durch die Zahl der Einwohner geteilt, und hier liegt Frankfurt regelmäßig an der Spitze. Aber in Frankfurt gibt es auch mehr Messegäste, Umsteiger am Hauptbahnhof oder Nutzer eines Flughafens als in fast jeder anderen deutschen Stadt. Nimmt man auch die mit in den Nenner auf, sinkt der Quotient.

Aber auch der Zähler führt in die Irre, bei regionalen Vergleichen ebenso wie bei Vergleichen über die Zeit. Denn er misst ja nur Straftaten, die gemeldet worden sind. Es fehlt das sogenannte Dunkelfeld. So nimmt die offizielle Kriminalität allein schon dadurch zu, dass man etwa Schwarzfahrer intensiver verfolgt oder bei der Rauschgift-Kleinkriminalität nicht mehr wie gehabt ein Auge zudrückt. Je erfolgreicher hier die Polizei, desto höher die Kriminalität. Ohne Informationen über dieses Dunkelfeld ist also die polizeiliche Kriminalstatistik für zeitliche und regionale Vergleiche ungeeignet.

Preisindices

Jeden Monat geht aus einem großen Bürogebäude in Wiesbaden diese Meldung an die Presse: „Wie das Statistische Bundesamt mitteilt, ist der Preisindex für die Lebenshaltung aller privaten Haushalte in Deutschland im Monat x im Jahr y gegenüber dem Monat x im Jahr y-1 um z Prozent gestiegen. Im Vergleich zum Monat x-1 im Jahr y ergab sich eine Steigerung von w Prozent." Usw.

Diese Meldung ist das knappe Endprodukt einer ganzen Reihe umfangreicher Prozeduren. Die erste ist die Festlegung des Warenkorbs. Die Preise welcher Güter sind gestiegen (oder vielleicht sogar gefallen)? Dazu mehr im Stichwortartikel Warenkorb. Dann kommt die monatliche Erfassung der Preise aller Güter, die in diesem Warenkorb vertreten sind. Beim Briefporto und bei den Fahrkarten für die Deutsche Bundesbahn ist das nicht allzu schwer. Aber was machen wir mit der Flasche Rotwein, die ebenfalls in diesem Warenkorb vertreten ist? Da hat sich ein Preisermittler zur Silberhochzeit eine Flasche Chateau Lafite gegönnt, und auf einmal verdoppelt sich die Inflation?

Um dergleichen Artefakte auszuschließen, bestimmt man für alle kritischen Positionen des Warenkorbs einen sogenannten Preisrepräsentanten. Beim Rotwein könnte das etwa eine ganz bestimmte Marke sein, etwa Amselfelder. Genauso verfährt man bei Herrenanzügen, Friseurleistungen für Damen oder Mittelklasse-Pkws. Bei Letzteren ist die konkrete Marke geheim, sonst hätte ja Audi oder BMW den deutschen Verbraucherpreisindex in der Hand. Und als Abschluss des ganzen verbleibt das Verwursten aller individuellen Preise bzw. Preisveränderungen zu einer einzigen möglichst aussagekräftigen Zahl.

Dieser letzte Schritt ist kritisch; er hat die Statistik schon lange bewegt und bewegt sie noch heute. Der deutsche Preisindex für die Lebenshaltung (wie auch die meisten anderen Preisindices weltweit) benutzt dazu die Indexformel von Laspeyres. Diese ist das geistige Kind des Geheimen Hofrats Dr. Ernst Louis Etienne Laspeyres (1834–1913), der sie in einem berühmten Aufsatz in den Jahrbüchern für Nationalökonomie und Statistik des Jahres 1871 erstmals angewendet hat. Anders als der Name vielleicht vermuten lässt, war Laspeyres ein Bürger des Deutschen Reiches und Professor für Wirtschaftswissenschaften und Statistik, zunächst in Dorpat, dann in Gießen, wo er auch begraben liegt. Laspeyres hatte eine ebenso geniale wie einfache Idee: Statt zu fragen: Was ist der Durchschnitt aller Preise, und wie nimmt dieser Durchschnitt zu? wich er auf eine viel einfachere Frage aus: Was würde der Warenkorb der Basisperiode heute kosten? Diese hypothetischen Gesamtausgaben heute, geteilt durch die tatsächlichen Gesamtausgaben gestern, definieren den Preisindex nach Laspeyres.

Zur Erleichterung der Interpretation wird dieser Quotient oft noch mit 100 malgenommen, also in Prozenten ausgedrückt. Ein Laspeyres-Index von 112 sagt damit: Der Preis des Warenkorbs ist um 12 % gestiegen.

Man kann zeigen, dass der Laspeyres-Index sich alternativ auch als ein gewichtetes arithmetisches Mittel aller individuellen Preisverhältnisse schreiben lässt. Die Gewichte entsprechen dabei den Ausgabenanteilen für die jeweiligen Güter in der Basisperiode. Ein Laspeyres-Index von 112 ist damit auch so zu lesen: Das gewichtete arithmetische Mittel aller individuellen Preisverhältnisse der Güter unseres Warenkorbs hat den Wert 1,12. Nehmen wir den einfachsten Fall von nur zwei Gütern, etwa Brot und Wein. Verdoppelt sich der Preis für Brot, und verdreifacht sich der Preis für Wein, dann ist der Laspeyres-Index ein gewichtetes Mittel von 2 und 3. Dabei hängen die Gewichte davon ab, wie viel wir in der Ausgansperiode für Brot und wie viel wir für Wein ausgeben. Entfallen beispielsweise 90 % unserer Ausgaben auf Brot und 10 % auf Wein, hat der Index den Wert

$$0{,}9 \cdot 2 + 0{,}1 \cdot 3 = 2{,}1 = 210\%.$$

Die Preise sind damit um 110 % gestiegen. Und genauso berechnet man auch den mittleren Preisanstieg für andere Gewichte und für mehr Güter als in diesem Fall nur zwei.

Alternativ zu Laspeyres könnte man auch fragen: Was hätte der heutige Warenkorb in der Basisperiode gekostet? Hier teilt man die tatsächlichen Gesamtausgaben heute durch die hypothetischen Gesamtausgaben gestern. Das ist der Preisindex nach Paasche. Da man aber dazu in jeder Periode erneut den Warenkorb ermitteln müsste, hat dieser Vorschlag sich nicht durchgesetzt.

Quantile

Stellen Sie sich vor, alle Einwohner Ihrer Gemeinde stellen sich wie die Orgelpfeifen der Größe nach nebeneinander auf. Sie fangen bei dem kleinsten an und schreiten die Reihe nach oben ab. Nachdem Sie 10 % der Menschen abgeschritten haben, halten Sie an und notieren: Wie groß ist denn die Person, die da steht? Deren Größe ist das 10 %-Quantil der Körpergrößenverteilung. Nachdem Sie 20 % der Menschen abgeschritten haben, tun sie das gleiche noch einmal. Das Ergebnis ist das 20 %-Quantil der Körpergrößenverteilung. Genauso finden Sie auch das 30 %-Quantil, das 45 %-Quantil oder das 90 %-Quantil.

Das bekannteste Quantil ist natürlich das 50 %-Quantil. Es heißt auch Zentralwert oder Median (siehe auch den einschlägigen Stichwortartikel). Weitere in der Praxis beliebte Quantile sind das 25 %-Quantil und das 75 %-Quantil. Sie heißen auch oberes und unteres *Quartil*. Der Abstand zwischen den beiden heißt *Quartilsabstand*, er ist ein beliebtes Streuungsmaß.

Immer wieder interessant sind die Quantile der Einkommensverteilung: Wie viel Geld müssen Sie im Monat verdienen, um zu den 30 %, 20 % oder 10 % reichsten Bundesbürgern zu gehören? Wie die folgende Tabelle zeigt, ist das gar nicht mal so viel (Stand 2013).

Quantile der deutschen Einkommensverteilung

Quan-til (%)	10	20	30	40	50	60	70	80	90
Ein-kom-men (€)	753	1127	1468	1803	2165	2598	3125	3794	4745

Eine weitere Anwendung von Quantilen ist das Risikomanagement im Kreditgewerbe. Reiht man hier alle möglichen Wertveränderungen eines Portfolios von negativ nach positiv, so heißt das 1 %-Quantil auch „Wert im Risiko" oder *Value-at-Risk* (zuweilen nimmt man auch andere Prozentsätze als 1 %). Das ist der schlimmste mögliche Verlust, der mit 1 % Wahrscheinlichkeit eintreten kann.

Random Walk

Wir werfen eine Münze. Bei Kopf bekomme ich von Ihnen einen Euro, bei Zahl umgekehrt. Wir beginnen bei 0, und ich notiere bei jedem Wurf meinen Vermögensstand.

Das Ergebnis ist ein sogenannter „Random Walk" (zuweilen auch „Irrfahrt" genannt). Hier ein Beispiel:

Ein beispielhafter Random Walk

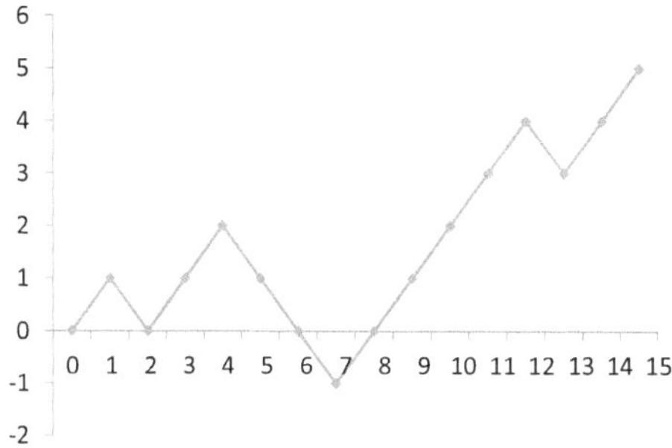

Die Analyse derartiger Random Walks ist eines der faszinierendsten Kapitel der ganzen Wahrscheinlichkeitstheorie. Wer Zeit und Lust hat, findet die tollsten Geschichten dazu in der immer noch besten Einführung in die Wahrscheinlichkeitsrechnung überhaupt, William Feller: *An Introduction to Probabilty Theory and its Applications*, New York 1950. Dort besonders Band 1, Kapitel III. So ist zum Beispiel klar, dass man nur nach einer geraden Anzahl von Würfen wieder bei der 0 landen kann. Nicht so klar: Die Wahrscheinlichkeit dafür ist exakt genauso groß wie die Wahrscheinlichkeit, bis dahin *nie wieder* zur Null zurückzukehren. Und für viele völlig überraschend: Die Wahrscheinlichkeit, die waagerechte Achse niemals zu kreuzen (im Beispiel oben wurde sie zweimal gekreuzt) ist größer, als sie genau einmal zu kreuzen. Und die Wahrscheinlichkeit, sie genau einmal zu kreuzen ist wiederum größer, als sie genau zweimal zu kreuzen usw.

Presst man die waagerechte Achse oben immer mehr zusammen (d. h., in einem gegebenen Intervall werden immer mehr Münzwürfe abgetragen), nähert sich der Random Walk einem sogenannten Wiener-Prozess (auch „Brownsche Bewegung" genannt). Man kann zeigen, dass sich Aktienkurse, wenn logarithmiert und in immer kürzeren Zeitabständen erfasst, sehr gut durch einen solchen Wiener-Prozess beschreiben lassen.

Regression zum Mittelwert

Wer kennt das nicht: Man isst in einem Restaurant, es schmeckt phantastisch, man kommt wieder, und man ist enttäuscht. Dieses Phänomen ist kein Zeichen für den Niedergang der deutschen Küche, auch keine Folge davon, dass wir beim ersten Mal zu wenig Trinkgeld gegeben haben, sondern fast schon zu erwarten: Es ist die Tendenz von Zufallsvariablen, nachdem sie einmal ihren langfristigen Durchschnitt übertroffen haben, beim nächsten Mal dorthin zurückzukehren.

Nehmen wir eine der einfachsten Zufallsvariablen überhaupt, die Augenzahl beim Würfeln. Die möglichen Werte sind $1, 2, 3, 4, 5, 6$, jeder mit Wahrscheinlichkeit $1/6$; ihr „Erwartungswert" ist $(1 + 2 + 3 + 4 + 5 + 6)/6 = 3{,}5$ (siehe auch den Stichwortartikel Erwartungswert). Damit hat ein Wurf über dem Erwartungswert, also eine 4, 5 oder 6, in der Regel einen kleineren oder bestenfalls gleich großen Nachfolger. Nehmen wir eine 4; dann liefert der nächste Wurf mit Wahrscheinlichkeit $1/2$ eine der Zahlen 1, 2, oder 3, und nur mit Wahrscheinlichkeit $1/3$ eine 5 oder eine 6. Mit anderen Worten, die Wahrscheinlichkeit, sich zu verschlechtern, ist größer als die Wahrscheinlichkeit, sich zu verbessern. Noch deutlicher wird diese Rückkehr zum Erwartungswert bei der 6. Dann kann der nächste Wurf unmöglich größer sein.

Spiegelverkehrt unterhalb des langfristigen Durchschnitts: Bei einer 2 z. B. geht es mit Wahrscheinlichkeit 4/6 im nächsten Wurf nach oben und mit einer Wahrscheinlichkeit 1/6 im nächsten Wurf nach unten. Hier ist die Wahrscheinlichkeit, sich zu verbessern, *größer* als die Wahrscheinlichkeit, sich zu verschlechtern. Und bei einer 1 kann es überhaupt nicht tiefer, sondern nur noch höher gehen.

Aber trotzdem wundern sich die Leute immer wieder, wenn Ihnen dergleichen im Alltag widerfährt. „CDU blickt entsetzt nach Cloppenburg und Vechta", lese ich nach einer Bundestagswahl. „In ihrer Hochburg Nr. 1 erreichte die Union mit 63,8 Prozent nicht nur ihr bestes Zweitstimmen Ergebnis in Niedersachsen, hier büßte sie auch die meisten Punkte ein." Denn in der Wahl davor hatte sie in diesem Wahlkreis noch 69,7 Prozent. Und dann folgt eine lange Analyse, woran das denn gelegen haben könnte.

Liebe CDU-Strategen: an der Regression zum Mittelwert! Wo sonst sollen denn die Ergebnisse fallen, wenn nicht in den Hochburgen! Mehr als hundert Prozent der Stimmen sind auf dieser Erde nicht zu holen, und je näher diese Grenze, desto größer die Wahrscheinlichkeit, dass der nächste Schritt nach unten geht.

Diese Regression zum Mittelwert durchzieht alle Ecken und Enden unseres Lebens: Kinder von sehr großen Eltern sind in der Regel kleiner als ihre Eltern, Kinder von sehr kleinen Eltern dagegen größer; nach einem außergewöhnlich schönen Sommer ist das Wetter ein Jahr später eher schlechter, nach einem außergewöhnlich verregneten Sommer aber eher besser; in Ländern mit besonders hohem Bierkonsum wie in Deutschland oder Belgien geht der Bierkonsum zurück, in Ländern mit niedrigem Konsum wie in Italien oder Spanien nimmt er zu; auf einen besonders guten Weinjahrgang folgt nur selten ein noch besserer, öfter dagegen ein schlechterer; der Nachfolger eines erfolgreichen Films ist in aller Regel weniger erfolgreich, und die Supersportler der einen Saison legen nur selten in der nächsten nochmals weiter zu. Meistens sind sie schlechter. Hier sind die Torschützenkönige der Fußball-Bundesliga ab der Saison 1992/93. Nur zwei davon, Fredi Bobic und Ulf Kirsten, waren in der Saison danach besser oder wenigstens genauso gut. Alle anderen waren schlechter.

	Torschützenkönig	Tore	Tore in der Saison danach
1992/93	Ulf Kirsten	20	12
–	Anthony Yeboah	20	18
1993/94	Stefan Kuntz	18	14
–	Anthony Yeboah	18	7
1994/95	Mario Basler	20	11
–	Heiko Herrlich	20	7
1995/96	Fredi Bobic	17	19
1996/97	Ulf Kirsten	22	22
1997/98	Ulf Kirsten	22	19
1998/99	Michael Preetz	23	12
1999/00	Martin Max	19	8
2000/01	Sergej Barbarez	22	7

	Torschützenkönig	Tore	Tore in der Saison danach
–	Ebbe Sand	22	11
2001/02	Marcio Amoroso	18	6
–	Martin Max	18	6
2002/03	Thomas Christiansen	21	11
–	Giovane Elber	21	1
2003/04	Ailton	28	14
2004/05	Marek Mintal	24	1
2005/06	Miroslaw Klose	25	13
2006/07	Theofanis Gekas	20	11
2007/08	Luca Toni	24	14
2008/09	Grafite	28	11
2009/10	Edin Dzeko	22	10
2010/11	Mario Gomez	28	26
2011/12	Klaas-Jan Huntelaar	29	10
2012/13	Stefan Kießling	25	15
2013/14	Robert Lewandowski	20	…

Regressionsanalyse

Die Regressionsanalyse sagt, wie eine bestimmte Variable (der Regressand) von gewissen Einflussgrößen (= Regressoren) abhängt. Oft wird der Regressand auch „abhängige Variable" oder „erklärte Variable", der Regressor auch „unabhängige Variable", „erklärende Variable" oder „Design-Variable" genannt (Letzteres vor allem in Kontexten, wo die Ausprägungen der unabhängigen Variablen vom Experimentator frei bestimmbar sind). Nehmen wir das Beispiel, mit dem die gesamte moderne Regressionsanalyse ihren Anfang nahm, die Körpergröße von Kindern. Wie hängt die von der Körpergröße der Eltern ab?

Eine Originalgrafik von Francis Galton

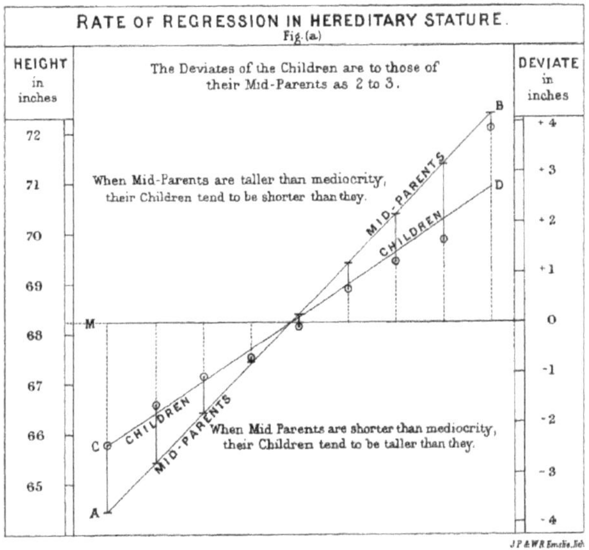

Dieser Frage ging der englische Statistiker Sir Francis Galton Ende des 19. Jahrhunderts nach. Die obige Grafik ist aus einer seiner Arbeiten entnommen. Darin trägt Galton die mittlere Größe der Kinder gegen die mittlere Größe Ihrer Eltern ab (Größe Vater plus Größe Mutter geteilt durch zwei). Dabei fiel ihm auf, dass – nicht verwunderlich – Kinder großer Eltern im Allgemeinen größer sind als der Durchschnitt, wenn auch nicht ganz so groß wie ihre Eltern. Und dass Kinder kleiner Eltern im Allgemeinen kleiner sind als der Durchschnitt, wenn auch nicht ganz so klein wie ihre Eltern. Dieses Phänomen ist auch Gegenstand des Stichwortartikels „Regression zum Mittelwert"; es gab der ganzen Regressionsmethode ihren Namen: Regression kommt vom lateinischen „regredi" = zurückgehen.

Als nächstes stellte Galton fest, dass sich die Punkte Körpergröße Eltern-Körpergröße Kind in einem Koordinatensystem sehr schön durch eine Gerade approximieren lassen – die berühmte Regressionsgerade. Oder formal: Zwischen Regressor und Regressand gilt die Beziehung

$$\text{Regressand} = a + b \cdot \text{Regressor} + \text{zufällige Abweichung}.$$

Die zunächst unbekannten Koeffizienten a und b dieser Geraden findet man, indem man die Summe der quadrierten vertikalen Abstände minimiert, siehe auch den Stichwortartikel Methode der kleinsten Quadrate.

Ein Beispiel aus den Wirtschaftswissenschaften ist die berühmte Keynesianische Konsumfunktion: Von jedem Euro, den wir mehr verdienen, konsumieren wir einen bestimmten Teil (die marginale Konsumquote). Natürlich nicht in jedem Einzelfall, aber im Großen und Ganzen doch. Trägt man dann für eine Reihe von Haushalten den Konsum gegen das Einkommen einer Periode ab, erhält man typischerweise Diagramme wie dieses:

Zusammenhang zwischen Einkommen und Konsum

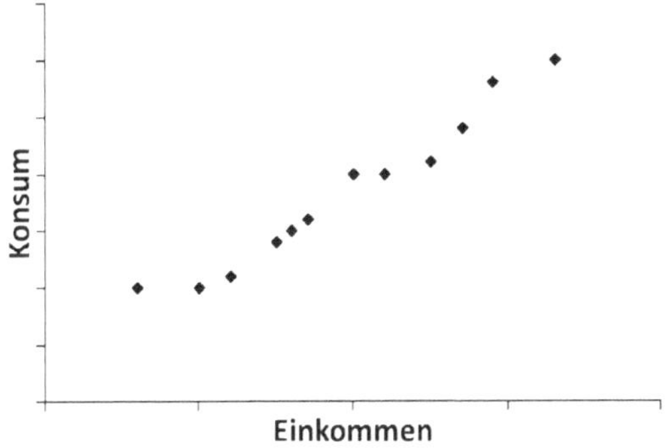

Legt man hier eine Gerade hindurch, so ist deren Steigung gerade die marginale Konsumquote. Mit dergleichen Fragen befasst sich ein Spezialgebiet der angewandten Statistik, die sogenannte Ökonometrie.

Komplizierter wird das Ganze, wenn es mehr als einen Regressor, mehr als eine erklärende Variable gibt. So hatte etwa das „Handelsblatt" vor einigen Jahren eine Reihe von Hochschulabsolventen gefragt: Wie hoch war dein Anfangsgehalt, wie lange hast du studiert? Das Ergebnis war eine Grafik wie die folgende:

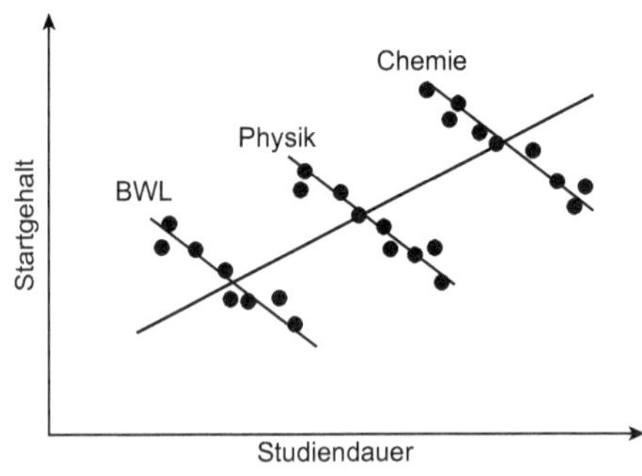

Legt man da eine Regressionsgerade hindurch, könnte man meinen, das Anfangsgehalt nähme mit steigender Studiendauer zu („Methusalems machen Kasse", so auch die einschlägige Schlagzeile im „Handelsblatt"). In Wahrheit weiß natürlich jeder, dass Bummelstudenten eher Probleme haben als andere, nach dem Studium einen gut bezahlten Arbeitsplatz zu finden. Der Fehler des Handelsblatts: Man hat die Studierenden verschiedener Fächer in einen Topf geworfen. In jedem Einzelfach verhalten sich die Dinge, wie man es erwarten sollte – mit wachsender Studiendauer nehmen die Anfangsgehälter ab. Diese Abhängigkeit des Regressanden von mehr als einem Regressor ist Gegenstand der Multiplen Regressionsanalyse. Die große Herausforderung besteht hier darin, keinen relevanten Einflussfaktor auszulassen. Andernfalls sind wie im obigen Beispiel groteske Fehlschlüsse die Folge.

Saisonbereinigung

Jedes Jahr im Winter steigen die Arbeitslosenzahlen. „Die Regierung hat wieder mal versagt," tönt die Opposition. „Blödsinn," kontert die Regierung. „Für das Wetter können wir nichts. Ohne uns wäre die Arbeitslosigkeit noch viel stärker angestiegen."

Um hier also die Wahrheit zu finden, ist zunächst der Einfluss der Jahreszeit herauszurechnen. Das heißt auch *Saisonbereinigung*. Eine solche Saisonbereinigung ist bei Wirtschaftsdaten wie Arbeitslosenzahlen, Heizölpreisen, Einzelhandelsumsätzen usw. angezeigt, die von Ferien, Feiertagen, dem Wetter, ganz allgemein von regelmäßig wiederkehrenden Saisoneinflüssen abhängen. Der Leiter eines Kaufhauses, der seinen Posten am 1. Dezember antritt, sollte besser dreimal nachdenken, ehe er die Konzernleitung anruft: „Leute, hört mal zu, ich habe den Umsatz im Vergleich zum Vormonat um 10 Prozent gesteigert. Bekomme ich jetzt ein höheres Gehalt?"

„Der Mann gehört entlassen", kontert der große Boss. „Saisonbereinigt ist der Umsatz seines Ladens im Dezember um 5 Prozent gefallen."

Alle Jahre wieder hat der Einzelhandel seinen besten Umsatz im Dezember. Dass also der Umsatz im Dezember besser ist als im November, sollte niemanden verwundern. Aber: Wieviel dieses Anstiegs ist „normal", d. h. auf die Jahreszeit zurückzuführen, und wieviel nicht?

Die Antwort darauf liefern statistische Saisonbereinigungsverfahren. Davon gibt es eine ganze Menge, aber alle laufen auf das gleiche Prinzip heraus: Man verfolgt die jeweiligen Daten, ob Einzelhandelsumsätze, Passagierzahlen im Luftverkehr oder verkaufte Weihnachtsgänse, über möglichst viele Jahre und berechnet einen „Trend" (siehe einschlägigen Stichwortartikel). Dieser Trend steht für die Reihe, so wie sie ohne Saisoneinfluss verlaufen wäre. Die monats- oder quartalsweisen Abweichungen von diesem Trend stehen damit für die Einflüsse der Saison und sonstiger „irregulärer" Komponenten wie besonders heißer Sommer (treibt den Bierkonsum) oder besonders kalter Winter (treibt den Heizölverbrauch). Diese irregulären Komponenten kürzen sich beim Durchschnittsbilden heraus, d. h. die durchschnittliche Abweichung vom Trend ist ein gutes Maß für den Einfluss der Saison. Ein Saisoneffekt von 250.000 für die Arbeitslosenzahlen für Dezember bedeutet also, dass die Arbeitslosenzahlen im Dezember um 250.000 höher sind als sie ohne Saisoneinfluss gewesen wären. Diese 250.000, von den tatsächlichen Arbeitslosen abgezogen, ergibt die saisonbereinigte Arbeitslosenzahl. Ein Vergleich dieser saisonbereinigten Zahl mit der saisonbereinigten des Vormonats sagt uns dann, ob oder ob nicht die Arbeitslosigkeit „tatsächlich" angestiegen ist.

Scheinpräzision

Besuchen Sie doch einmal bei ihrem nächsten Streifzug durch das Internet die Netzseite des amerikanischen CIA. Da finden Sie u. a. das CIA-Factbook. Das enthält alle möglichen Informationen, die nicht der Geheimhaltung unterliegen. Ein Beispiel ist die Einwohnerzahl der Volksrepublik China. Ich habe mir einmal den Spaß gemacht, die nachzuschlagen, hier ist das Resultat:

Auszug aus dem CIA-Factbook

> Population:
>
> 1,355,692,576 (July 2014 est.)

Diese Zahl hat zehn Ziffern, von diesen sind alle bis auf die ersten beiden falsch.

Warum hat die CIA so was gemacht?

Wegen der Illusion der Präzision. Um beim Informationsempfänger den Eindruck zu erwecken, man hätte mit viel Mühe auch dem letzten Chinesen bis auf die Toilette nachgespürt. Wir alle haben, nicht ganz zu Unrecht, bei glatten Zahlen das Gefühl, hier hat jemand grob über den Daumen gepeilt. Ein Bundesbürger trinkt pro Jahr 100 Liter Bier und raucht 1000 Zigaretten. Das ist die rhetorische Kurzformel für: Er oder sie trinkt *ungefähr* 100 Liter Bier und raucht *ungefähr* 1000 Zigaretten. Bei glatten Zahlen wissen wir: das kann so nicht sein, die sind falsch. Und daraus folgt dann oft der Umkehrschluss: eine Zahl, die nicht glatt ist, ist korrekt. Wer also den Eindruck vermeiden will, man hätte alles nur ganz grob geschätzt, ergänzt die 100 Liter Bier noch um einige ausgedachte Ziffern, etwa 101,6 Liter. Und schon macht die Statistik einen viel vertrauenswürdigeren Eindruck.

Oft entstehen diese krummen Zahlen auch ohne böse Absicht. So wurden etwa im Jahr 2013 rund 80 Milliarden Zigaretten in der Bundesrepublik verkauft (oder besser gesagt: versteuert). Geteilt durch 81,6 Millionen Bundesbürger ergibt das pro Kopf

$$80\,\text{Mrd}/81{,}5\,\text{Mio} = 982\ \text{Zigaretten pro Kopf und Jahr.}$$

Abgesehen davon, dass man noch alle Zigaretten dazurechnen müsste, die illegal und unversteuert oder im Ausland gekauft worden sind (und die von Ausländern gekauften abziehen), ist diese Zahl nur scheingenau.

Bei statistischen Zahlenangaben mit vielen Ziffern ist also Vorsicht angezeigt. Oft ist ein großer Teil des Ziffernanhangs frei erfunden oder ein kleingehacktes Produkt einer statistischen Wurstmaschine, die auch aus gröbsten Ingredienzien einen filigranen Ziffernzauber produziert.

Scorekarten

Scorekarten sind eine moderne statistische Entscheidungshilfe für Banken, Kreditkartenunternehmen und Versicherungen. Oft entscheiden sie sogar alleine, ob ein Kunde Geld bekommt. Eine Großbank etwa kann unmöglich jeden einzelnen Kunden auf Herz und Nieren prüfen. Allein die Banco Santander, der größte Kleinkreditgeber Deutschlands, bearbeitet oft mehrere 1000 Kreditanträge jeden Tag. Und in der großen Mehrzahl der Fälle entscheidet heute die Statistik, ob ein beantragter Kleinkredit gewährt wird oder nicht.

Das funktioniert wie folgt: Die Bank kennt aus der Vergangenheit eine große Anzahl von Kreditverläufen, sie weiß, wie alt die Kreditnehmer waren, welche Berufe sie hatten, wo sie wohnten, was sie verdienten und so weiter. Dann wird nachgehalten: Wer von denen hat zurückgezahlt und wer nicht? Und dann stellt man mittels statistischer Verfahren fest (am beliebtesten ist hier die sogenannte logistische Regression), wie die Wahrscheinlichkeit der Rückzahlung von diesen Persönlichkeitsmerkmalen und dem sozialen Umfeld abhängt. Wenn dann diese Abhängigkeitsmuster auch in Zukunft fortbestehen (das ist natürlich ein dickes wenn), kann man so bei neuen Kunden die Rückzahlwahrscheinlichkeiten schätzen. Und ist die der Bank zu klein, dann gibt es eben keinen Kredit.

Üblicherweise werden die Ausfallwahrscheinlichkeiten in derartigen Systemen nicht in Wahrscheinlichkeiten, sondern in Scorepunkten ausgedrückt, etwa auf einer Skala von 0 bis 1000. Aber diese Scorepunkte lassen sich problemlos in Ausfallwahrscheinlichkeiten übersetzen und umgekehrt.

Wie bei allen statistischen Verfahren kommen auch hier Fehler vor: Ein seriöser Kunde bekommt keinen Kredit, oder ein von vornherein rückzahlungsunwilliger Kleinkrimineller erhält das Geld. Aber nach aktuellem Stand der Dinge sind diese Fehler seltener, als wenn ein menschlicher Sachbearbeiter über den Kredit entschiede.

Heiße Debatten entzünden sich zur Zeit noch darüber, welche Merkmale in solche Scorekarten eingehen dürfen. Ist Religion erlaubt? Ist Geschlecht erlaubt? Ist ethnische Herkunft erlaubt? Ist Wohnort erlaubt? Aus statistischer Sicht haben wir hier das Problem der Nonsenskorrelation: Selbst wenn die Bewohner gewisser Straßenzüge oder Postleitzahlbezirke seltener als andere ihre Kredite bedienen, so ist nicht die Straße oder der Postleitzahlbezirk die Ursache dafür. Und deshalb wäre es unfair, nur aus diesem Grund und ohne Ansicht der sonstigen Persönlichkeitsmerkmale die dort wohnenden Kreditnehmer zu benachteiligen.

Signifikanztests

Das Wort „signifikant" hat verschiedene Bedeutungen. In der Alltagssprache steht es für „wichtig", „bedeutungsvoll", „bemerkenswert": Der Bundestrainer lobte die signifikante Verbesserung des Kurzpassspiels im deutschen Mittelfeld.

In der Statistik bedeutet signifikant: Eine Stichprobe steht zu einer Ausgangshypothese alias Nullhypothese in einem Widerspruch. Und zwar derart deutlich, dass die Ausgangshypothese verworfen werden muss.

Dazu muss man erst mal eine Ausgangshypothese=Nullhypothese haben. Diese Nullhypothese spezifiziert gewisse

Eigenschaften von Elementen einer Grundgesamtheit. Etwa, dass Frauen in Mittel genauso intelligent sind wie Männer. Oder dass der Korrelationskoeffizient zwischen Körpergröße und Gewicht aller erwachsenen deutschen Männer einen bestimmten Wert besitzt. Und dann zieht man aus der Grundgesamtheit eine Stichprobe, und lehnt die Nullhypothese ab oder auch nicht. Und die alles entscheidende Frage dabei ist, ab wann die Nullhypothese abzulehnen ist.

Wenn die Ausgangshypothese lautet: „Mindestens die Hälfte aller Schweden sind blond", und dann kommt ein Bus mit 100 schwedischen Touristen auf den Rastplatz gefahren, nur drei davon sind blond, dann spricht das ganz klar gegen diese Ausgangshypothese (wobei wir einmal das interessante Problem, was „blond" konkret bedeutet, beiseite schieben wollen). Sind 10 von 100 blond, spricht das nicht mehr ganz so stark dagegen, bei 40 von 100 noch weniger, und sind 60 von 100 blond, bestätigt das ganz klar die Ausgangshypothese.

Wo ist also hier die Grenze, die Zahl, ab der wir sagen: Jetzt halten wir für unser Ausgangsvermutung für widerlegt? Diese Grenze heißt auch „Signifikanzpunkt"; er muss im Schwedenbeispiel irgendwo links von 50 liegen. Klar ist: Bei 49 oder 48 blonden Schweden drücken wir noch beide Augen zu. Das ist zwar weniger als die Hälfte, aber das kann sehr leicht am Zufall liegen. Schwieriger wird es bei 47, 46 oder 45 blonden Schweden. Ist das jetzt immer noch Zufall oder sind wirklich weniger als die Hälfte aller Schweden blond?

Dazu unterstellen wir einmal, dass die Ausgangshypothese stimmt. Und zwar gerade so noch stimmt: Genau die Hälfte aller Schweden sind blond. Dann gibt sich die mathematische Statistik eine maximale Wahrscheinlichkeit dafür vor, dass unter dieser Voraussetzung eine Ablehnung erfolgt. Eine solche Ablehnung wäre dann natürlich ein Fehler, er heißt auch „Fehler 1. Art", und die Wahrscheinlichkeit, dass dieser Fehler auftritt, heißt „Signifikanzniveau".

Ein statistischer Signifikanztest ist nun nichts anderes als eine Regel, die entscheidet, ob eine Nullhypothese abzulehnen ist oder nicht. Dazu ist zunächst das Signifikanzniveau vom Anwender frei zu wählen. Der häufigste Wert in der Praxis ist 5 Prozent. Gegeben dieses Signifikanzniveau, bestimmt man dann den Signifikanzpunkt so, dass dieses Niveau eingehalten wird.

In dem Beispiel mit den 100 schwedischen Touristen, die wir einmal etwas wirklichkeitsfremd als Zufallsstichprobe aller erwachsenen Schweden unterstellen wollen, liegt dieser Signifikanzpunkt bei 42: Sind nur 42 oder weniger von 100 Schweden in der Stichprobe blond, wird die Ausgangshypothese zu einem Signifikanzniveau von 5 Prozent abgelehnt. Ansonsten nicht. Diese Regel stellt sicher, dass wir maximal mit einer Wahrscheinlichkeit von 5 % einen Fehler erster Art begehen.

Die Begründung erfordert einige Kenntnisse in Wahrscheinlichkeitsrechnung. Worauf es ankommt, ist: Wenn wir dieser Regel folgen, können wir nie sicher sein, eine korrekte Nullhypothese zu Unrecht abzulehnen. Aber wir haben die Wahrscheinlichkeit dafür unter Kontrolle.

Nach diesem Muster funktioniert jeder statistische Signifikanztest. Gebraucht werden eine Ausgangshypothese, eine Stichprobe, eine daraus abgeleitete Größe wie der Stichprobenanteil blonder Schweden, die bei der Entscheidung hilft (oft auch „Prüfgröße" genannt), ein Signifikanzniveau und einen Signifikanzpunkt. Liegt die Prüfgröße jenseits des Signifikanzpunktes, wird die Ausgangshypothese abgelehnt.

So verfährt man etwa bei Qualitätskontrollen in der Industrie, bei Wirksamkeitsprüfungen von Arzneimitteln oder bei der Überprüfung der Effizienz von Aktienmärkten: In einem effizienten Markt sind die durchschnittlichen Renditen an allen Wochentagen gleich. Nimmt man die 250 Börsentage eines bestimmten Jahres als Stichprobe aller möglichen täglichen Renditen, so sind natürlich die wochentagsspezifischen Durchschnitte nicht exakt identisch. Wie sehr dürfen sie voneinander abweichen, ohne die Ablehnung eines effizienten Marktes zu erzwingen?

Auch hier sagt die Statistik ganz genau, wann das Fass zum Überlaufen kommt. Die konkrete Prüfgröße und die korrekten Signifikanzpunkte brauchen dabei nicht zu interessieren. Wichtig ist allein, dass die Wahrscheinlichkeit, eine korrekte Ausgangshypothese zu Unrecht abzulehnen, immer unter Kontrolle bleibt.

Simpson-Paradox

Wie kann das geschehen: Eine akademische Lehranstalt bevorzugt bei der Zulassung in allen Fächern Frauen gegenüber Männern; aber trotzdem ist die Frauenquote insgesamt gesehen kleiner?

Die folgende Tabelle gibt ein Beispiel. Der Einfachheit halber beschränkt sie sich auf zwei Fächer, eines – die Journalistik – mit einer niedrigen und eines – die Mathematik – mit einer hohen Akzeptanzquote insgesamt. Es bewerben sich 1000 Anfänger, davon 500 Männer und 500 Frauen.

Männer- und Frauenquoten bei der Zulassung zum Studium

	Journalistik	Mathematik	insgesamt
Männer	100	400	**500**
	(10=10%)	(200=50%)	**(210=42%)**
Frauen	400	100	**500**
	(80=20%)	(60=60%)	**(140=28%)**

Die Akzeptanzquoten stehen in Klammern. Von den 500 Männern streben 100 dem Journalismus zu und 400 der Mathematik. Von den 100 Möchtegernjournalisten erhalten 10 einen Studienplatz, das sind 10 %. Von den 400 Möchtegernmathematikern erhalten 200 einen Studienplatz, das sind 50 %.

Jetzt zu den Frauen. Von den 500 Anfängerinnen würden 400 gerne Journalistin werden. 80 davon erhalten einen Studienplatz, dass sind 20 %. 100 würden gerne Mathematik studieren, 60 erhalten einen Studienplatz, das sind 60 %. Mit anderen Worten: *in beiden Fächern* haben Frauen eine höhere Chance als Männer, zugelassen zu werden.

Aber insgesamt ist Ihre Chance kleiner! Von den 500 Männern werden insgesamt 210 zugelassen, das sind 42 %. Von den 500 Frauen werden nur 140 zugelassen, das sind 28 %.

Dieses Phänomen heißt auch Simpson-Paradox (nach dem englischen Statistiker E. H. Simpson, der in den 50er-Jahren als erster systematisch die Bedingungen erforscht hat, unter denen so was möglich ist). Grob gesagt läuft dieses Paradox darauf hinaus, dass sich Rangordnungen bei Aggregation umkehren können: In jeder Altersgruppe sterben heute weniger Menschen an Krebs als vor 40 oder 50 Jahren. Aber insgesamt, bei Aggregation über alle Altersgruppen, sind es mehr. Fußballer A verwandelt sowohl zuhause als auch auswärts mehr Elfmeter als Fußballer B. Aber insgesamt verwandelt er weniger. Usw. In vielen populären Büchern zur Statistik findet man weitere Beispiele dafür.

Die Lehre für den Statistik-Konsumenten: Immer auf die disaggregierten Daten achten. Hier spielt die Musik.

Standardabweichung

Durchschnitte allein machen nicht glücklich. Wenn ich jeden Tag der Woche eine Flasche Rotwein trinke, macht das im Durchschnitt eine Flasche pro Tag, und ich bin gut gelaunt. Wenn ich die Woche über gar nichts trinke und am Sonntag sieben Flaschen auf einmal, macht das ebenfalls im Durchschnitt eine und ich bin tot.

Es kommt also nicht nur auf den Durchschnitt, es kommt auch auf die *Abweichungen* vom Durchschnitt an. Das bekannteste Maß dafür ist die Standardabweichung. Aber es gibt auch andere. Solche Verfahren heißen „Streuungsmaße“. Als Durchschnitt dient dabei üblicherweise das arithmetische Mittel. Ein weiteres sinnvolles Streuungsmaß wäre die maximale Abweichung von diesem Durchschnitt. In obigem Beispiel: Die Woche über trinke ich eine Flasche weniger als der Durchschnitt, das ist sechsmal eine Abweichung von -1. Am Sonntag trinke ich sechs Flaschen mehr als der Durchschnitt, das ist eine Abweichung von

+6. Also hat die maximale Abweichung den Wert 6. Und diese Abweichung kann tödlich sein (hier sieht man eine weitere schöne Eigenschaft des arithmetischen Mittels: die Abweichungen von diesem summieren sich immer zu 0: Sechsmal -1 und einmal +6 ergeben in der Summe 0).

Die Standardabweichung ist dagegen die *durchschnittliche* Abweichung vom Durchschnitt. Mit einem kleinen Vorbehalt. Da sich die Abweichungen vom arithmetischen Mittel immer zu Null addieren, ist auch die durchschnittliche Abweichung 0. Deshalb ist die Standardabweichung die durchschnittliche *quadrierte* Abweichung (alias die „Varianz"), und daraus noch Wurzel. Das ergibt in obigem Beispiel eine Varianz von

$$(1 + 1 + 1 + 1 + 1 + 1 + 36)/7 = 42/7 = 6$$

– zufällig das gleiche wie die maximale absolute Abweichung – und eine Standardabweichung von

$$\sqrt{6} = 2{,}449.$$

Das Wurzelziehen hat einen großen Vorteil: Verdoppeln sich alle Werte, verdoppelt sich auch die Standardabweichung. Bei 6 mal 2 und einmal 14 Flaschen muss man die Standardabweichung nicht neu ausrechnen, sie ist einfach das Doppelte der alten:

$$2 \cdot 2{,}449 = 4{,}898.$$

Analog bei verdreifachen oder vervierfachen aller Werte. Das ist bei der Varianz leider nicht der Fall – vervierfachen sich die gemessenen Werte, ändert sich die Varianzen um den Faktor $4 \cdot 4 = 16$.

Wie von der Sache her geboten, bleibt die Standardabweichung bei Addition oder Subtraktion einer Konstanten unverändert. Das ist eine Minimalanforderung für jedes vernünftige Streuungsmaß. Ob ich in obigem Beispiel sechs Tage lang eine und an einem Tag sieben Flaschen, oder sechs Tage lang zwei und an einem Tag acht Flaschen trinke: Die Standardabweichung bleibt die gleiche. Deshalb ändert sich die Standardabweichung auch nicht, wenn ich von allen Werten das arithmetische Mittel abziehe. Die neuen Werte haben dann per Konstruktion das arithmetische Mittel 0. Wenn ich dann noch durch die Standardabweichung teile, bleibt das arithmetische Mittel 0 erhalten, und die resultierenden Zahlen haben die Standardabweichung 1. Diese Werte heißen auch *standardisiert*.

Standardisierte Werte einer statistischen Beobachtungsreihe haben eine Reihe von Vorteilen. Zum Beispiel hängen sie nicht von der Maßeinheit ab. Ob ich die Gehälter meiner Mitarbeiter in Euro oder ein Dollar melde, ob ich Temperaturen in Fahrenheit oder in Celsius messe, die standardisierten Beobachtungen sind immer gleich. Auch macht es das Standardisieren leichter, „große" Abweichungen, die nur selten vorkommen, als solche zu erkennen. Bei sogenannten „normalverteilten" Zahlenreihen z. B. haben Abweichungen vom arithmetischen Mittel vom Doppelten oder mehr der Standardabweichung einen Anteil von weniger als 5 Prozent.

Stichproben

Stichproben sind immer nur ein Notbehelf. Aus Sicht der Statistik ist eine Totalerhebung à la Volkszählung durch nichts zu schlagen. Aber Volkszählungen sind teuer.

Also Stichproben. Wer sie erfunden hat, weiß niemand so genau. Ihren deutschen Namen haben sie von der Metallprobe vor dem Hochofenanstich, mit der die Eisengießer früher die Qualität des geschmolzenen Erzes überprüften. Da wurde tatsächlich in die Schmelze hineingestochen. Aber schon lange vorher hatte der englische König Eduard I. seine Münzpräger in London per Stichproben auf Ehrlichkeit getestet: Dazu wurden zufällig ausgewählte Teile der täglichen Münzproduktion in einem Extrabehälter gesammelt und auf ihr korrektes Gewicht überprüft. Das ist die erste belegte, systematische Anwendung von Stichproben zum Beurteilen einer größeren Mengen von Objekten („Grundgesamtheit"), aus der die Stichprobe gezogen worden ist.

Heute sind Stichproben aus der Datenanalyse nicht mehr wegzudenken. Gesucht ist die Meinung aller wahlberechtigten Bundesbürger zu Auslandseinsätzen der Bundeswehr. Also zieht man die berühmte Stichprobe von 1000 oder 2000 Wahlberechtigten und rechnet diese hoch. Das ist überraschend zuverlässig und erstaunt die Menschen immer wieder.

Wieso? Ein Polizist, der einem Autofahrer eine Blutprobe entnimmt, zieht ebenfalls eine Stichprobe, sogar im wahrsten Sinn des Wortes. Hier kommt kein Mensch auf den Gedanken, die Diagnose „2,4 Promille Alkoholgehalt" anzuzweifeln, weil nur eine Stichprobe des Autofahrerblutes vorgelegen habe. Denn der Alkohol und das Blut sind gut gemischt. Dann entspricht der Alkoholanteil in der Stichprobe fast exakt dem Alkoholanteil im ganzen Blut.

Damit also der Anteil in der Stichprobe, der die Auslandseinsätze der Bundeswehr gutheißt, dem unter allen Wahlberechtigten entspricht, müssen wir diese vorher gründlich mischen. Man könnte z. B. jedem eine Nummer geben, diese auf Lottokugeln kleben und in einer Riesenurne kräftig durcheinander rühren, und dann 2000 Kugeln zufällig ziehen. Und genauso macht man das im Grundsatz auch – auf mehr oder weniger geheime Weise versuchen unsere Meinungsforscher, diesen Zufallsmechanismus möglichst gut zu imitieren.

Eine solche Stichprobe, bei der u. a. alle Mitglieder der Grundgesamtheit die gleiche Chance haben, gezogen zu werden, heißt „reine Zufallsstichprobe". Reine Zufallsstichproben sind im Idealfall kleine Abbilder der Grundgesamtheit und spiegeln deren Eigenschaften getreulich wieder, so wie eine Blutprobe die Eigenschaften unseres Blutes treulich widerspiegelt.

Manche Stichprobenzieher helfen dieser Repräsentativität noch durch bestimmte Quoten für Männer, Frauen, Städter, Landbewohner usw. nach. Oder man zieht Zufallsstichproben für einzelne Teilgruppen (= Schichten) getrennt. Das heißt dann „geschichtete Zufallsstichprobe". Oder man zieht, wie der Mikrozensus, ganze Wohnblöcke zufällig heraus („Klumpenstichprobe").

Diese Tricks sollen hier nicht weiter interessieren. Wichtig ist allein, dass man beim Hochrechnen die Wahrscheinlichkeit der Ziehung kennt und nicht einfach unterstellt, diese wäre für alle gezogenen Objekte gleich.

Was dann passiert, sieht man an zahlreichen Stichproben-Desastern wie der berühmten 1936er US-Wahlumfrage, mit denen Statistik-Professoren gerne ihre Studenten erschrecken. Damals hatte die Zeitschrift Literary Digest mehrere Millionen amerikanische Wähler, also eine nach heutigen Begriffen riesige Stichprobe befragt, welchen der beiden Präsidentschaftskandidaten, F. D Roosevelt oder Alfred Landon, sie denn zu wählen gedächten. Eine große Mehrheit war für Landon. Die Wahl selbst gewann aber Roosevelt mit 60,8 Prozent aller abgegebenen Stimmen.

Im Nachhinein ist es natürlich billig, sich über die dummen Redakteure des Literary Digest zu belustigen. Diese hatten einfach alle Wähler angeschrieben, deren Adressen sie habhaft werden konnten, vor allem aus Telefonbüchern und Kfz-Verzeichnissen. Das Dumme war nur: Die meisten Roosevelt-Wähler hatten damals weder ein Auto noch ein Telefon.

Streudiagramm

Ein Streudiagramm ist immer nützlich, wenn wir zwei Variable gleichzeitig betrachten: Einkommen und Konsum, Wohnungsgröße und Mietpreis, Alter und Preis eines gebrauchten PKW. Die Werte dieser Variablen, in ein zweidimensionales Koordinatensystem übertragen, erzeugen ein Streudiagramm (englisch: scatterplot). Es zeigt sofort, ob die Variablen positiv oder negativ oder überhaupt nicht korre-

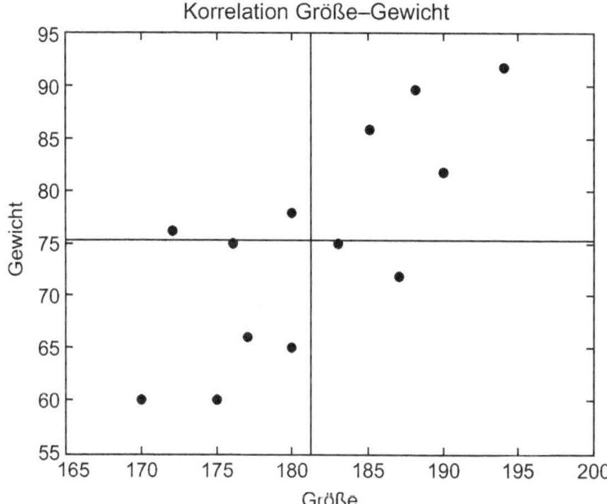

lieren, und ob große Werte der einen eher mit großen oder eher mit kleinen Werten der anderen gemeinsam auftreten.

Das obige Streudiagramm zeigt z. B. die Körpergröße und das Gewicht von zwölf meiner Freunde und mir selbst. Auf der waagerechten Achse ist die Körpergröße aufgetragen, auf der senkrechten das Gewicht. Man sieht sofort: Große Männer sind im allgemeinen schwerer. Natürlich gibt es den einen oder anderen – von mir heiß beneideten – langen Lulatsch, der trotz seiner 190 cm sein jugendliches Kampfgewicht behalten hat, aber das sind Ausnahmen. Im Großen und Ganzen nimmt das Gewicht mit wachsender Größe zu.

Terms of Trade

Die Terms of Trade sind ein Fachausdruck aus dem Außenhandel, sie stehen für das Preisverhältnis vom Importen und Exporten eines Landes. Zuweilen sagt man auch „reales Austauschverhältnis". Dieses Austauschverhältnis hat sich für die deutsche Wirtschaft in den letzten Jahrzehnten verschlechtert – für unseren Warenexport im Wert von jährlich rund 200 Milliarden Euro erhalten wir mengenmäßig immer weniger Importe zurück. Für den Preis etwa eines VW Golf (Listenpreis, Basisausstattung) konnte ein deutsches Urlauberehepaar im Jahr 1995 noch 33 Wochen in einem Drei-Sterne Hotel in Griechenland verbringen, im Jahre 2000 noch 30 Wochen, im Jahre 2005 noch 25 Wochen, und im Jahr 2010 war der Urlaub schon nach 23 Wochen vorbei. Damit hatte der Wert eines VW-Golf, gemessen in griechischen Urlaubseinheiten, in dieser Zeit um rund ein Drittel abgenommen.

Auch auf einer höheren weltpolitischen Ebene sind die Terms of Trade von Relevanz. So insistiert etwa die sogenannte Dependenztheorie seit Jahrzehnten genauso beharrlich wie falsch, der reiche Norden unseres Planten beute den armen Süden systematisch aus. In Wahrheit ist das Gegenteil der Fall; Entwicklungsländer erhalten für Ihre wichtigsten Exporte – Südfrüchte, Kaffee, Tee, Rohstoffe aller Art – heute mehr und nicht weniger Industrieprodukte als vor 50 oder 100 Jahren. Durch die enorm gestiegene Arbeitsproduktivität in den Industrienationen sind die Weltmarktpreise für Industriegüter relativ zu vielen Agrarprodukten gesunken. Nur bei einigen wenigen davon wie Zucker oder Weizen ist das reale Tauschverhältnis für die Produzenten heute schlechter. Bei Zucker, weil das noch bis Ende des vorletzten Jahrhunderts dominierende Zuckerrohr durch die Zuckerrübe eine billige Konkurrenz erhielt, bei Weizen, weil wegen der riesigen Anbauflächen im Westen der USA das Angebot auf Dauer billiger geworden ist.

Tortendiagramm

Torten- alias Kreisdiagramme sind die wohl populärsten Datendiagramme überhaupt. Wo kommen Asylbewerber in Deutschland hauptsächlich her? Was sind die beliebtesten Studienfächer an unseren Universitäten? Wie verteilen sich die Sitze der Parteien im Deutschen Bundestag? Kaum hat der Moderator das gefragt, erscheint auf dem Bildschirm schon ein Tortendiagramm.

Tortendiagramme stellen bildlich dar, wie sich eine größere Menge von Objekten – alle Abgeordneten des Deutschen Bundestages, alle durch Exporte erlösten Euro im deutschen Außenhandel, alle gestorbenen Bundesbürger eines Jahres – auf gewisse Teilgruppen verteilt. Bei den Abgeordneten sind das die Parteien, bei den Exporterlösen sind das die Empfängerländer, bei den Todesfällen sind es die Ursachen, an denen die Menschen gestorben sind. Dabei sollte ein Tortendiagramm nicht zu viele Stücke enthalten, sonst geht die Übersicht verloren. Bei dem traurigen Thema Todesursachen etwa ist es angezeigt, nicht sämtliche der rund 10.000 Einträge der internationalen Liste der Krankheiten und Todesursachen als Tortenstücke abzutra-

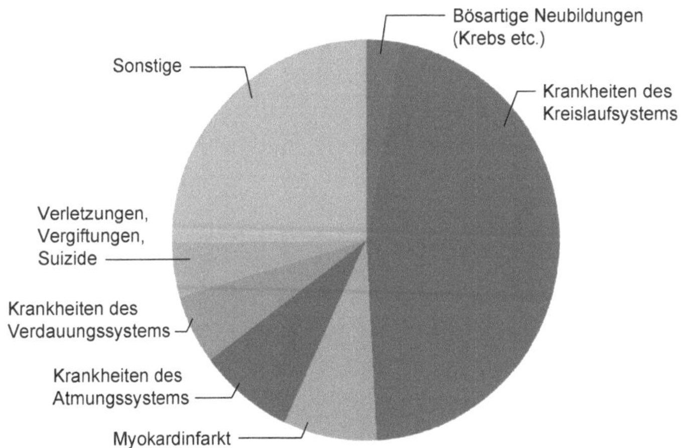

gen. Fünf bis zehn große Gruppen sind genug, so wie in dem Diagramm oben.

Da sieht man sofort, dass der Krebs fast genau ein Viertel aller Todesfälle verursacht, Herz-Kreislauf-Krankheiten die Hälfte, und dass die vor 100 Jahren noch dominierenden Todesursachen wie Seuchen, Typhus und Tuberkulose fast vollständig verschwunden sind.

Obwohl simpel genug, ist diese Idee des Tortendiagramms vergleichsweise neu. Es war der Engländer William Playfair, der in seinem Buch „The Statistical Breviary" aus dem Jahre 1801 die folgende Grafik zur Landverteilung des Osmanischen Reichs abdrucken ließ. Das ist das erste Tortendiagramm der Welt.

Das erste Tortendiagramm der Welt

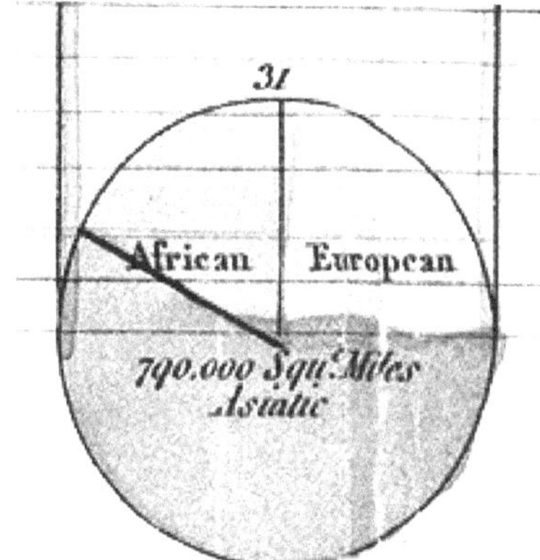

Trend

Der Trend einer Zeitreihe ist das, was übrig bleibt, wenn zufällige Schwankungen, Saisoneffekte und eventuelle Konjunkturzyklen herausgerechnet sind. In diesem Sinn hat etwa das deutsche Sozialprodukt seit dem Beginn der Bundesrepublik einen positiven Trend. Es gab zwar die eine oder andere Wachstumsdelle, am deutlichsten der Rückgang um fast 5 % im Jahr 2009, aber im Großen und Ganzen ging es stets bergauf.

Ein Trend heißt linear, wenn es jede Periode um den gleichen Betrag nach oben oder nach unten geht. Ein Trend heißt exponentiell, wenn es jede Periode um den gleichen *Prozentsatz* nach oben oder nach unten geht. Dieser Gegensatz von linearem und exponentiellen Trend hat eine der großen Kontroversen der empirischen Sozial- und Wirtschaftspolitik erzeugt. Sie geht zurück auf Thomas Malthus, einen englischen Geistlichen und Privatgelehrten des 18. Jahrhunderts; der sah in der Nahrungsmittelproduktion der Welt einem linearen, in der Bevölkerung dagegen einen exponentiellen Trend. Und jeder exponentielle Trend eilt einem linearen Trend irgendwann einmal voraus. Laut Malthus sind damit ewige Hungersnöte und ein andauernder Verteilungskampf um knappe Lebensmittel bis zum Ende aller Zeiten sozusagen vorprogrammiert.

Heute wissen wir es besser, auch die Nahrungsmittelproduktion wächst exponentiell und in vielen Ländern sogar noch schneller als die Bevölkerung (die sogar in einigen Ländern inzwischen schrumpft), so dass wir heute oft nicht mehr wissen, wohin mit dem ganzen Zeug. Und die dennoch immer wieder auftretenden Hungersnöte sind keine Folge von zu wenig Nahrungsmitteln, sondern von deren falscher Verteilung; unter anderem für diese Erkenntnis hat der Wirtschaftswissenschaftler A.K. Sen im Jahr 1998 den Nobelpreis erhalten.

Das konkrete Extrahieren eines Trends ist nicht immer einfach. Das zeigt die aktuelle Klimadiskussion. Folgt die Welttemperatur nach Abzug aller irregulären und zyklischen Schwankungen tatsächlich einem positiven Trend? Und wenn ja, wie steil steigt dieser an? Diese Debatte bewegt zur Zeit nicht nur die Politik. Nach aktuellem Kenntnisstand hängt das Ergebnis zu einem guten Teil auch davon ab, wie man den Trend bestimmt. Die dazu nötigen Methoden gehen aber über dieses Handbuch weit hinaus.

Trendextrapolation

Die Trendextrapolation ist eine der einfachsten, aber auch gefährlichsten Methoden, um Prognosen zu erstellen: Sie geht einfach davon aus, der Trend geht weiter wie gehabt. Und das ist in gewissen Kontexten auch gar nicht mal so schlecht. Die beste Prognose etwa eines künftigen Aktienkurses ist der aktuelle Kurs, und auch beim Wetter liegt man sehr oft richtig, wenn man vorhersagt: Es bleibt alles wie gehabt.

Trendextrapolationen schreiben nicht den aktuellen Zustand, sondern das aktuelle Trendwachstum (absolut oder prozentual) in die Zukunft fort. Das geht oft einige Perioden gut, führt aber auf lange Sicht zu oft grotesken Fehlern. Schon Mark Twain hat sich auf seine unübertreffliche Art darüber belustigt (wenn auch durch Rückwärtsrechnen): „Binnen 170 Jahren hat sich der untere Mississippi um 240 Meilen verkürzt. Das macht im Durchschnitt 1 1/3 Meile pro Jahr. Daher sieht jeder Mensch, es sei denn, er ist blind oder ein Idiot, dass vor einer Million Jahren der untere Mississippi mehr als eine Million dreihunderttausend Meilen lang gewesen ist und in den Golf von Mexiko hinausragte wie ein Angelstock. Genauso sieht man sofort, dass heute in 742 Jahren der untere Mississippi nur noch eine Meile und dreiviertel messen wird. … Das ist das Faszinierende an der Wissenschaft: man erhält die tollsten Ergebnisse aus so gut wie nichts .."

Fazit für den Statistik-Konsumenten: Trendextrapolationen sind nur für die nahe zeitliche Umgebung zu gebrauchen, auf lange Sicht lassen wir besser die Finger davon.

t-Test

Der t-Test als Spezialfall eines statistischen Signifikanztests (siehe auch das einschlägige Stichwort) ist das wohl bekannteste Verfahren der mathematischen Statistik. Er dient dazu, Hypothesen über Durchschnitte zu testen, und geht auf den Dubliner Bierbrauer und Hobby-Statistiker W. S. Gossett (alias „Student") zurück. Typische Hypothesen, über deren Annahme oder Ablehnung der t-Test entscheidet, sind: Der Ausschussanteil in einer Lieferung von drei Millionen chinesischer Feuerwerkskörper ist höchstens 2 Prozent. Oder: Die erwartete Montagsrendite von Aktien der Deutschen Bank ist nicht negativ. Oder: Die marginale Konsumquote in Deutschland ist größer als 80 Prozent. Oder: Beim Intelligenzquotienten gibt es zwischen Männern und Frauen keinen Unterschied. Oder: Die Bayern sind im Durchschnitt nicht dicker als die Niedersachsen, usw.

Die Vorgangsweise ist immer die gleiche: Die interessierende Größe wird mittels Stichprobe geschätzt. Bei den chinesischen Silvesterkrachern wäre das der Anteil der defekten Kracher in einer Stichprobe, bei der Montagsrendite der deutschen Bank wäre das die durchschnittliche Montagsrendite über eine Anzahl Börsentage, usw. Dann wird die Differenz zwischen geschätzter Größe und deren hypothetischem wahren Wert durch die beobachtete Standardabweichung der Daten geteilt. Ist dieser Quotient zu groß (oder, je nach Hypothese auch: zu klein), dann wird die Ausgangshypothese abgelehnt.

Was „zu groß" oder „zu klein" genau bedeutet, hängt von der benutzerdefinierten Maximalwahrscheinlichkeit für eine fälschliche Ablehnung der Hypothese (alias dem Signifikanzniveau des Testes) ab. Bei einem zweiseitigen Test, d. h. Ablehnung sowohl für zu große wie für zu kleine Werte der Differenz im Zähler, ist dieser kritische Wert fast genau 2. Das erklärt die Faustregel: „Ein geschätzter Parameter ist signifikant [von Null verschieden], wenn sein Schätzwert das Doppelte seiner geschätzten Standardabweichung übersteigt".

Den Namen t-Test hat diese Prozedur erhalten, weil Gosset diesem Quotienten aus Gründen, die er mit ins Grab genommen hat, als Abkürzung ein t verordnet hat.

Varianzanalyse

Was man unter Varianz versteht, sagt im Wesentlichen schon der Stichwortkapitel zur Standardabweichung: Man nehme ein metrisches Merkmal wie etwa die Körpergröße, das Gewicht oder das Einkommen, davon das arithmetische Mittel, davon die quadrierten Abweichungen, und davon wieder das arithmetische Mittel. Bei drei Personen mit den Einkommen 1, 2 und 3 liefert das ein arithmetisches Mittel von 2 und eine Varianz von:

$$((1)^2 + 0^2 + 1^2)/3 = (1 + 0 + 1)/3 = 2/3.$$

So weit ist das ein reines Rechenexempel und keine große Hexerei. Die beginnt mit der Überlegung, erstmals angestellt von dem englischen Statistiker Sir Ronald R. Fisher, dass sich solche Varianzen bzw. die zugrundeliegenden Summen der quadrierten Abweichungen unter gewissen Umständen in Teilkomponenten zerlegen und gewissen Ursachen zuordnen lassen (ANOVA = Analysis of Variance). Fisher selbst hat das zunächst für landwirtschaftliche Anwendungen untersucht. Nehmen wir etwa den Ernteertrag für Weizen. Wie hängt der von der Weizensorte ab?

Die Weizensorte heißt auch Faktor, ihre Ausprägungen heißen Stufen. Angenommen, wir haben drei Sorten Weizen. Für eine einfache Varianzanalyse bepflanzt man für jede Sorte verschiedene gleichgroße und auch sonst möglichst ähnliche Felder, sagen wir vier, insgesamt also 12, misst für jedes Feld den Ertrag, und berechnet zunächst einmal die Summe der quadrierten Abweichungen aller Ernteerträge vom arithmetischen Mittel aller Erträge. Diese lässt sich in zwei Summanden aufspalten:

- Die Summe der quadrierten Abweichungen vom arithmetischen Mittel für jede Weizensorte separat (davon gibt es drei Stück, für jede Weizensorte eins).
- Die Summe der quadrierten Abweichungen dieser arithmetischen Mittel für jede Weizensorte separat vom arithmetischen Mittel insgesamt (und das noch mal 4).

Anhand dieser Summanden lässt sich dann feststellen, ob der Faktor Getreidesorte überhaupt einen Einfluss auf die Ernte hat. Rein intuitiv gesehen, hängt das natürlich davon ab, wie stark die Ernteerträge schwanken. Im Extremfall schwanken sie überhaupt nicht bzw. nur leicht zufällig. Dann hat die Getreidesorte keinen Effekt. Werden die Schwankungen größer, wird es immer schwieriger, das allein dem Zufall anzulasten. Wann nun sind die Schwankungen so groß, dass sie nicht mehr guten Gewissens dem

Zufall zugeordnet werden können? Wann also hat die Getreidesorte einen systematischen Effekt? Auch hier braucht es kein Studium der Statistik, um aus dem Bauch heraus zu entscheiden: Je größer die zweite Summe im Vergleich zur ersten, desto plausibler ist die Weizensorte als der Verursacher der Schwankungen zu sehen. Formal entscheidet man diese Frage mit Hilfe des berühmten F-Tests von Fisher, dessen Mechanik aber hier nicht weiter interessieren soll. Im Wesentlichen gehen darin die Quotienten der obigen Abweichungssummen ein.

Bei mehr als zwei Faktoren, etwa Getreidesorte und Düngemittel, wird die Sache komplizierter. Aber das Prinzip ist das gleiche: Bei drei Getreidesorten und vier Düngemitteln bepflanzt man wieder zwölf Felder, für jede Sorte und für jedes Düngemittel eins (zweistufige Varianzanalyse ohne Messwiederholung), oder sagen wir 60 Felder, für jedes Sorte und für jedes Düngemittel fünf (zweistufige Varianzanalyse mit Messwiederholung), zerlegt wieder auf geeignete Weise die Summe der quadrierten Abweichungen vom gesamten Mittelwert, und entscheidet daraufhin, ob keiner der Faktoren, nur einer oder beide zusammen einen systematischen Einfluss auf den Ernteertrag ausüben. Im Kontext von Messwiederholungen kann man sogar der Frage nach möglichen Wechselwirkungen nachgehen, d. h. dass der Einfluss des Düngemittels davon abhängt, welche Weizensorte man benutzt.

Verlaufsdaten

Verlaufsdaten sagen, wie lange etwas dauert: bis eine Glühbirne zerplatzt, ein Arbeitsloser einen neuen Job bekommt, ein Kreditnehmer die Zinszahlungen einstellt und so weiter. Deren systematische Erforschung heißt auch „Ereigniszeitenanalyse" oder „Überlebenszeitanalyse". Bei derartigen Daten sind vor allem die sogenannten *Hazard-Raten* interessant. Das ist die Wahrscheinlichkeit, dass das interessierende Ereignis in der nächsten Periode eintritt, gegeben, bis dato ist noch nichts passiert, also eine sogenannte „bedingte Wahrscheinlichkeit" (siehe auch den einschlägigen Stichwortartikel). So beträgt zum Beispiel die Hazard-Rate für „Tod" eines 60-jährigen deutschen Mannes rund 1 %. Mit anderen Worten, von 100 Männern, die ihren 60. Geburtstag feiern, ist einer beim nächsten Geburtstag nicht dabei. Dieser Hazard-Rate wird dann von Jahr zu Jahr größer, mit 70 beträgt sie schon knapp 3 % und mit 80 mehr als 7 %.

Es gibt aber auch Lebewesen, bei denen sich diese Hazard-Rate kaum ändert, oder bei denen sie mit wachsendem Alter sogar sinkt. Zum Beispiel haben Biologen für eine bestimmte Schildkrötenrasse nachgewiesen, dass deren Wahrscheinlichkeit, im nächsten Jahr zu sterben, mit wachsendem Alter immer geringer wird.

Das Schätzen und Modellieren solcher Hazard-Raten ist inzwischen ein eigener Zweig der mathematischen Statistik. Von großem Interesse ist dabei insbesondere deren Abhängigkeit von möglichen erklärenden Variablen. Bei Kreditausfällen etwa wäre das die Wirtschaftskonjunktur. Das Standardwerkzeug ist hier das proportionale Hazardraten-

Modell des englischen Statistikers David Cox. Hier wird für den gesamten Verlauf der Hazardraten-Funktion eine proportionale Reduktion oder Erhöhung, je nach Ausprägung der erklärenden Variablen, unterstellt.

Volkseinkommen

Das Volkseinkommen ist die Summe aller Einkommen aller Wirtschaftssubjekte eines Landes. Es belief sich für Deutschland 2012 auf insgesamt 2,035 Billionen Euro. Davon waren 1,378 Billionen Euro Arbeitnehmerentgelte und 657 Milliarden Euro Unternehmensgewinne und Vermögenseinkommen. Damit liegt Deutschland weltweit auf Platz 4 (hinter den USA, China und Japan), und pro Kopf gerechnet auf Platz 18. Die Spitze belegen hier Luxemburg, Norwegen und die Schweiz, hier ist das Pro-Kopf Einkomme mehr als doppelt so hoch wie in der Bundesrepublik.

In der Praxis berechnet man das Volkseinkommen aber nicht durch die Addition aller Individualeinkommen, sondern indirekt, per Umweg über die Produktion. Ausgangspunkt ist das Bruttoinlandsprodukt, im Jahr 2012 insgesamt 2,644 Billionen Euro. Das ist der Geldwert aller Güter und Dienstleistungen, die in diesem Jahr in Deutschland erzeugt und im Wesentlichen auch verkauft worden sind. Diese Ausgaben der einen sind aber gleichzeitig die Einnahmen der anderen. Dazu addiert man noch die Einkommen aus dem Ausland und subtrahiert die Abflüsse an das Ausland. Das Ergebnis ist das Nettonationaleinkommen. Dazu noch alle staatlichen Subventionen minus Produktionsabgaben aller Art ergibt das Volkseinkommen.

Diese Rechnung nähert sich dem Volkseinkommen über die Entstehungsseite: Durch die Produktion welcher Güter und Dienstleistungen ist das Volkseinkommen entstanden? Alternativ berechnet man das Volkseinkommen auch über die Verwendungsseite: Wofür wird das Einkommen ausgegeben? Das sind im Wesentlichen der private Konsum (im Jahr 2012 insgesamt 1,52 Billionen Euro), plus die betrieblichen Nettoinvestitionen. Das dafür nötige Kontensystem heißt auch Volkswirtschaftliche Gesamtrechnung; für seine Entwicklung wurde dem Briten Richard Stone (danach Sir Richard Stone) der Wirtschafts-Nobelpreis 1984 zuerkannt.

Volkszählung

Der Name ist leicht irreführend. Denn eine Volkszählung zählt weit mehr als nur das Volk. Seit biblischen Zeiten interessiert sich die Obrigkeit fast noch mehr als für uns selbst für unser Geld: „Es begab sich aber zu der Zeit, dass ein Gebot von dem Kaiser Augustus ausging, dass alle Welt geschätzt würde …“. Und zwar geschätzt, um Steuern zu erheben. Auch die vermutlich erste Volkszählung überhaupt, um 2500 vor Christus in Ägypten, hatte eine effizientere Steuereintreibung als Motiv: Der Pharao brauchte Geld für seine Pyramiden.

Auch die Römer, die seit dem König Servius Tullius (579–534 vor Christus) einen regelmäßigen „Zensus" kannten, fragten vor allem nach dem Vermögen und dem Grundbesitz. Danach wurden dann die Steuern und die Tributzahlungen in den von Rom besetzten Ländern festgesetzt. Noch heute heißt ein Steuerpflichtiger daher „Zensit".

Ein anderes Motiv ist die Aushebung von Rekruten für das Militär. Als Moses am Berge Sinai die Seinen zählte, wollte er vor allem wissen, wie viele Krieger er denn hätte: „Nehmet die Summe der ganzen Gemeinde der Kinder Israel nach ihren Geschlechtern und Vaterhäusern und Namen, alles was männlich ist, von zwanzig Jahren an und darüber, was ins Heer zuziehen taugt in Israel; ihr sollt sie zählen" (4.Moses, Kap. 1).

Nochmals weitgefasster ist die Neugier der modernen Zähler. Der Fragebogen der letzten deutschen Volkszählung von 2011 wollte z. B. neben Namen, Alter und Anschrift folgendes wissen: Beruf? Schulabschluss? Familienstand? Religion? Staatsangehörigkeit? Arbeitgeber? Entfernung Wohnung – Arbeitsplatz? Usw. Bei manchen dieser Fragen denken viele: Was geht das andere Leute an? Daher die regelmäßigen Proteste. Aber diese Daten werden für die Politik ja auch gebraucht. Wir sind hier in einem Dilemma: Einerseits soll der Staat für unsere Renten, Arbeitsplätze, Wohnung und Berufsausbildung sorgen, andererseits bekämpfen gerade diejenigen gesellschaftlichen Kräfte, die am stärksten nach dem Staat als großen Planer und Helfer in allen Lebenslagen rufen, am entschiedensten die statistischen Grundlagen ebendieser Planung. Wohngeld ja, aber Infos über den Bedarf an Wohngeld nein. Renten ja, aber Abschätzung des Rentenzugangs nein. Freie Bildung für alle ja, aber Vorhersage der Schülerzahlen nein. Öffentlicher Nahverkehr ja, aber Fragen zur PKW-Benutzung nein. Gleichstellung der Frauen ja, aber Daten über Berufswünsche von Frauen nein.

Ausschnitt aus dem Haushaltsfragebogen für die Volkszählung 2011

noch: Persönliche Angaben

6 Welche Staatsangehörigkeit/-en haben Sie?
Mehrfachnennungen sind möglich.

Deutsche Staatsangehörigkeit

Staatsangehörigkeit eines anderen EU-Staates

Staatsangehörigkeit eines Nicht-EU-Staates

Staatenlos

Ungeklärt

7 Welcher Religionsgesellschaft gehören Sie an?

Römisch-katholische Kirche

Evangelische Kirche

Evangelische Freikirchen

Orthodoxe Kirchen

Jüdische Gemeinden

Sonstige öffentlich-rechtliche Religionsgesellschaft

Keiner öffentlich-rechtlichen Religionsgesellschaft

Weiter mit Frage 9

8 Zu welcher der folgenden Religionen, Glaubensrichtungen oder Weltanschauungen bekennen Sie sich?

Die Beantwortung der Frage ist freiwillig

Christentum

Judentum

noch: Persönliche Angaben

9 Welchen Familienstand haben Sie?

Ledig

Verheiratet

Geschieden

Verwitwet

Eingetragene Lebenspartnerschaft (gleichgeschlechtlich)

Eingetragene Lebenspartnerschaft (gleichgeschlechtlich) aufgehoben

Eingetragener Lebenspartner/ eingetragene Lebenspartnerin (gleichgeschlechtlich) verstorben

10 Wohnen Sie in Ihrer Wohnung mit einem Partner/einer Partnerin in einer Lebensgemeinschaft zusammen, die weder Ehe noch eingetragene gleichgeschlechtliche Lebenspartnerschaft ist?

Ja

Nein

11 Wie viele Personen leben insgesamt in Ihrer Wohnung?

Anzahl der Personen (Sie einbezogen)

12 Bewohnen Sie eine weitere Wohnung in Deutschland?

Ja

Nein

Weiter mit Frage 14.

13 Hauptwohnsitz

In einem anarcho-liberalen Gemeinwesen, in dem sich der Staat um die Erziehung, das Wohnen und die Altersversorgung seiner Bürger wenig kümmert, wäre eine Volkszählung nicht nötig. Diese Inventur der Bedürfnisse und Möglichkeiten wird doch nur gebraucht, wenn es öffentliche Pflichten gibt. Denn genauso, wie ein Privatbetrieb auf Dauer ohne Inventur die Übersicht verliert, verliert auch der Staat ohne diese Inventur die Übersicht.

Volkszählungen sind also in gewisser Weise ein Preis für den sozialen Wohlfahrtsstaat. Und wenn, so wie in Deutschland, die Amtsstatistik kein Informant für Polizei und Finanzamt sein darf, ist dieser Preis auch nicht zu hoch. So hatte etwa das Bundesverfassungsgericht die schon für 1980 geplante vorletzte Volkszählung zunächst verboten, weil die Daten außer für innerstatistische Zwecke auch für den Abgleich der kommunalen Melderegister zweitverwertet werden sollten. Das ist heute ausgeschlossen. Und das Weitergeben dieser Daten, ganz gleich an wen, ist ein Straftatbestand: „Wer … Einzelangaben aus Bundesstatistiken … mit anderen Angaben zusammenführt, wird mit Freiheitsstrafe bis zu einem Jahr oder mit Geldstrafe bestraft." (§ 22 des Gesetzes über die Statistik für Bundeszwecke vom 22. Januar 1987). Wer also fürchtet, das Sozialamt könnte einem per Volkszählung hinter einen Wohngeldschwindel kommen, oder die Kfz-Versicherung entdecken, dass man einen tarifgünstigen Hauptwohnsitz auf dem flachen Land nur simuliert, kann weiterhin beruhigt schlafen: Davon erfährt der Rest der Menschheit nichts (siehe auch das Stichwort „Datenschutz").

Wahrscheinlichkeitsprognosen

Wetterprognosen funktionieren in den USA seit langem und in Deutschland seit kurzem oftmals so, dass der Wetterfrosch im Fernsehen sagt: „Morgen regnet es in Berlin mit Wahrscheinlichkeit 40 %".

Eine Minimalanforderung an solche Wahrscheinlichkeitsprognosen ist, dass es dann wirklich in 40 % aller Fälle regnet. Dito an allen Tagen mit einer Wahrscheinlichkeitsprognose von 20 %: Dann sollte es wirklich an solchen

Tagen in 20 % aller Fälle regnen. Wahrscheinlichkeitsprognosen mit dieser Eigenschaft heißen auch „wohlkalibriert" („well calibrated").

Diese Eigenschaft ist aber nur eine Minimalbedingung und leicht zu erfüllen. Angenommen, der Wetterfrosch weiß, in Berlin regnet es jeden vierten Tag. Dann sagt er eben an jedem Vorabend eine Regenwahrscheinlichkeit von 25 % voraus. Und hat langfristig recht. Aber dennoch ist diese Prognose natürlich völlig nutzlos, das hat man vorher schon gewusst.

Kalibrierte Wahrscheinlichkeitsprognosen sind also umso besser, je weiter die Einzelprognosen von diesem langfristigen Durchschnitt abweichen. Das Extrem sind perfekte Vorhersagen: Für Regentage sagt diese Prognose am Abend vorher eine Regenwahrscheinlichkeit von 100 % voraus, für die anderen Tage eine Regenwahrscheinlichkeit von 0 %. Das kann aber nur der Liebe Gott. Und die große Herausforderung für alle Wahrscheinlichkeitsprognostiker ist es, dieses Ideal so nahe wie möglich zu erreichen.

Zur Produktion von Wahrscheinlichkeitsprognosen verwendet man meistens die logistische Regression (siehe auch einschlägiges Stichwort). Dazu wird die Wahrscheinlichkeit des zu prognostizieren Ereignisses als Funktion gewisser erklärender Variablen modelliert und die Koeffizienten dieser Funktion werden aus historischen Daten geschätzt.

Warenkorb

Jeder Preisindex und jede Mengenindex braucht einen Warenkorb. Der mit großem Abstand wichtigste ist der für den Preisindex für die Lebenshaltung aller privaten Haushalte. Er enthält derzeit rund 750 Positionen; deren Aufteilung auf die wichtigsten Gütergruppen zeigt die folgende Tabelle:

Aufteilung des Warenkorbes für den Preisindex für die Lebenshaltung auf Gütergruppen

Bestandteil	1995	2000	2005	2010
Nahrungsmittel, alkoholfreie Getränke	13,1	10,3	10,4	10,3
Tabakwaren, alkoholische Getränke	4,2	3,7	3,9	3,8
Bekleidung, Schuhe	6,9	5,5	4,9	4,5
Wohnung, Wasser, Gas, Brennstoffe	27,5	30,2	30,8	31,7
Einrichtungsgegenstände	7,1	6,9	5,6	5,0
Gesundheit, Pflege	3,4	3,5	4,0	4,4
Verkehr	13,9	13,9	13,2	13,5
Nachrichtenübermittlung	2,3	2,5	3,1	3,0
Freizeit, Kultur, Unterhaltung	10,4	11,0	11,6	11,5
Bildungswesen	0,7	0,7	0,7	0,9
Hotels, Restaurants	4,1	4,7	4,4	4,5
Andere Waren und Dienstleistungen	6,1	7,0	7,4	7,0

Wie man sieht, geben die Verbraucher in Deutschland nur noch jeden zehnten Euro für Lebensmittel aus. Auch in anderen wohlhabenden Ländern geht dieser Anteil mit steigendem Wohlstand zurück. Das ist das sogenannte „Engelsche Gesetz" (nach dem deutschen Statistiker Ernst Engel (1829–1896): Je reicher, desto geringer der Anteil der Ausgaben für Nahrungsmittel).

Auf den ersten Blick irritierend sind die gleichfalls niedrigen Ausgaben für Bildung und Gesundheit. Aber das sind nur die direkten Ausgaben aus der eigenen Tasche, die indirekten Ausgaben über Steuern sind natürlich weitaus höher. Die Zahlen selber sind das Ergebnis der sogenannten Einkommens- und Verbrauchsstichprobe, einer im fünfjährigen Turnus durchgeführten Befragung von rund 60 000 privaten Haushalten, was sie denn so alles konsumieren.

Davon enthält der Warenkorb des Statistischen Bundesamtes eine repräsentative Auswahl, von Weißbrot und Butterkeksen, Eier-Ravioli und Käsesahnetorten, H-Milch und Hering in Tomatensauce über Rotwein, Damenjeans und Herrenmantel (Mischgewebe), Schnürsenkel, Tapetenkleister und Schornsteinfegergebühren bis zu Mikrowellenherd und Fieberthermometer. Auch eine große Kfz-Inspektion oder eine Stunde Fahrschulunterricht als Beispiele für Ausgaben rund um das Auto fehlen nicht, genauso wenig wie Briefgebühren oder die Miete für eine 4-Raum-Wohnung, Neubau, Bad, Zentralheizung. Dieser Warenkorb wird alle 5 bis 7 Jahre an veränderte Verbrauchsgewohnheiten angepasst (d. h. alle 5 bis 7 Jahre fängt eine neue Indexreihe an). Bei der letzten Umstellung 2010 etwa fielen u. a. Analogfilme für Fotokameras, Normalbenzin und Uhrenradios heraus. Dafür kamen MP3-Spieler, Kaffeekapseln und Vitamintabletten neu hinzu.

Wechselwirkungen

Eine der wichtigsten Aufgaben der Statistik ist das Aufdecken von Kausalbeziehungen: Je mehr Dünger, desto höher der Ernteertrag. Je höher das Bildungsniveau, desto höher das Einkommen. Je höher das Einkommen, desto höher der Konsum. Je älter ein Mensch, desto höher die Wahrscheinlichkeit, im nächsten Jahr zu sterben. Und so weiter. In allen diesen Fällen hat man eine Ursache und eine Wirkung, und es bleibt allein das Ausmaß dieser Wirkung festzustellen.

Und hier fangen die Probleme an. Denn um diese Wirkung eindeutig einer bestimmten Ursache zuzuordnen, wären ja alle weiteren potentiellen Einflussfaktoren, sofern vorhanden, auszuschließen, im Sinne von: konstant zu halten. Bei der Kausalbeziehung Bildung-Einkommen wäre das etwa der Beruf und das Geschlecht. Dieses Problem bekommt man mit Hilfe der multiplen Regressionsanalyse noch gut in den Griff. Voraussetzung ist allerdings, dass der Effekt einer erklärenden Variablen nicht davon abhängt, welchen Wert die anderen erklärenden Variablen haben. Der Einkommenszuwachs etwa durch ein Jahr mehr Ausbildung ist unabhängig von der Ausprägung der erklärenden Variablen „Geschlecht".

Ist diese Bedingung verletzt, hat man sogenannte „Wechselwirkungen". In der psychologischen Statistik spricht man auch von Moderatorvariablen, die den Effekt einer Ursache auf die Wirkung verändern, je nachdem, welchen Wert die Moderatorvariable gerade hat.

Von großer Bedeutung sind dergleichen Wechselwirkungen auch in der Pharmakologie. Oft wird zum Beispiel ein Blutdrucksenker in seiner Wirkung durch ein anderes Medikament verstärkt. Bekannt ist auch die gegenseitige Wirkungsverstärkung von Alkohol und Beruhigungsmitteln. In Deutschland werden dergleichen Arzneimittel-Wechselwirkungen im Rahmen des Aktionsplanes für Arzneimitteltherapiesicherheit durch das Bundesministerium für Gesundheit erfasst und registriert.

Weißes Rauschen

Ältere Leser, die noch mit dem Radio aufgewachsen sind, kennen das: Man schaltet ein, und es rauscht. Dieses Rauschen entsteht durch eine Überlagerung von Schallwellen, die auf unser Ohr treffen.

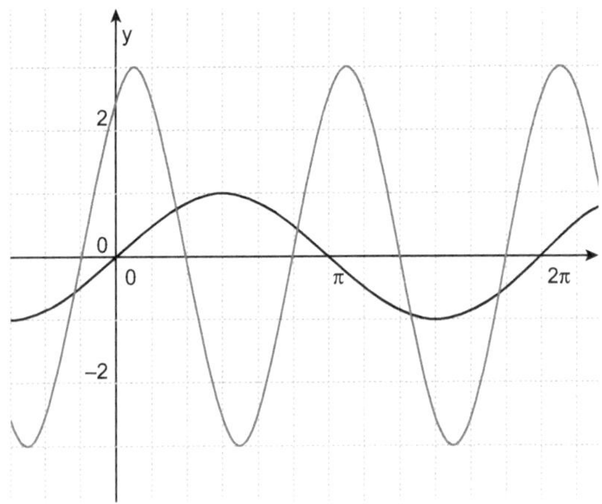

Der Abstand zwischen zwei Gipfeln einer Welle ist die Wellenlänge, der Abstand vom ersten Gipfel zur Null ist die Phase. Die Anzahl der Wellen pro Zeiteinheit ist die Frequenz. Je höher die Frequenz, desto höher der Ton. Und je größer die Amplitude, desto lauter. Und das bekannte Rauschen entsteht, wenn alle Frequenzen gleichmäßig mit gleicher Amplitude vertreten sind. Weißes Rauschen heißt es deshalb, weil eine solche Überlagerung in der Optik weißes Licht erzeugt.

Nun lässt sich zeigen, dass Folgen von Zufallsvariablen unter gewissen Umständen nichts anderes als weißes Rauschen sind. Nehmen wir etwa eine durch Würfeln erzeugte Folge von Zahlen zwischen 1 und 6. In der Statistik sagt man dazu auch „stochastischer Prozess“. Diese Folge lässt sich alternativ auch schreiben als eine Überlagerung von Wellen, deren Phasen und Amplituden jeweils zufällig gezogen sind. Und alle Frequenzen kommen gleichmäßig darin vor.

Bei komplizierteren Folgen von Zufallsvariablen sind die Beiträge der einzelnen Frequenzen verschieden stark. Ein Spezialgebiet der statistischen Zeitreihentheorie, die sogenannte Spektralanalyse, sagt genau, wieviel. Trägt man dann diese Beiträge gegen die Frequenz in einer Kurve ab, erhält man die sogenannte Spektraldichte. Beim weißen Rauschen ist diese Spektraldichte flach, denn alle Frequenzen tragen den gleichen Anteil bei.

Wohlfahrtsmaße

Geht es uns in Deutschland besser als den Nachbarn westlich des Rheins? Das Sozialprodukt sagt ja: pro Kopf ist es in Deutschland im Vergleich zu Frankreich höher. Aber einer alten Redensart zufolge soll Gott doch lieber in Frankreich als in Deutschland leben.

Wer hat nun Recht: der liebe Gott oder die Statistik?

Fest steht auf jeden Fall: In letzter Zeit ist das Sozialprodukt bzw. das damit eng verknüpfte Volkseinkommen als Wohlstandsindikator etwas in Verruf geraten. Und das zum Teil zu recht. Siehe auch den Stichwortartikel Bruttosozialprodukt. Als Konkurrenz entwickeln die Vereinten Nationen seit 1990 einen sogenannten „Human-Entwicklungsindex" („Human Development Index"). Der Spiritus Rector dieses Projektes ist der indische Wirtschafts-Nobelpreisträger Amartya K. Sen. In diesen Index gehen zusätzlich zum Einkommen pro Kopf – das bleibt weiterhin ein wichtiger Baustein – auch noch die Lebenserwartung und die Bildung ein (recht unvollkommen gemessen durch die Anzahl Jahre, welche die Menschen in Schulen und Universitäten verbringen). Das genaue Rezept muss hier nicht interessieren. Die nach dieser Rechnung wohlhabendsten Länder dieser Erde (Stand 2013) sind in dieser Reihenfolge: Norwegen, Australien und die USA. Deutschland folgt immerhin auf Platz fünf. Die unteren Plätze gehen ausnahmslos nach Afrika, die drei ärmsten Länder nach dieser Sicht der Dinge sind der Kongo, Niger und Mosambik.

Ebenfalls im Umkreis der Vereinten Nationen entstanden ist der „World Happiness Report". Den gibt es seit 2012. Hier fließen zusätzlich noch die Bürgerrechte und die Korruption mit ein (bzw. das Fehlen derselben). Auch hier gibt es die üblichen Verdächtigen auf den ersten Plätzen – Dänemark, Norwegen und die Schweiz. Aber auch dieser Index verschweigt, wie glücklich die Menschen in verschiedenen Ländern wirklich sind. Analphabeten etwas sind nach beiden obigen Maßstäben niemals reich. Aber warum nicht trotzdem glücklich? Auch das Klima, das wohl unbestritten gute oder schlechte Laune macht, geht hier nicht ein.

Alternativ gibt es daher immer wieder Versuche, auch den subjektiven Glückszustand der Menschen dieser Erde zu messen. Und da kommt in der Regel etwas ganz anderes heraus. Nach einer Studie der britischen New Economics Foundation von 2006 leben die glücklichsten Menschen dieser Erde in dem pazifischen Inselstaat Vanuatu. Ähnlich glücklich ist man auch in Kolumbien und Panama. „Die Menschen hier sind glücklich, weil sie mit sehr wenig zufrieden sind", erklärte ein Journalist einer lokalen Online-Zeitung dieses Resultat. „Wir haben hier keine konsumorientierte Gesellschaft. Das Leben dreht sich hier um die Familie und die Gemeinschaft [...] Es ist ein Ort, an dem man sich nicht viele Sorgen macht." Deutschland kam hier auf Platz 81.

Zahlungsbilanz

Die Zahlungsbilanz erfasst alle grenzüberschreitenden Geldströme eines Landes in einem Jahr. Allerdings sind einige dieser Geldströme auch rein virtuell. Liefert etwa ein deutscher Exporteur auf Kredit für eine Million Euro Waren nach Griechenland, so erscheint in der deutschen Zahlungsbilanz in der Abteilung Export die Summe von einer Million Euro. Und eine weitere Million Euro erscheint in der Abteilung Kapitalexport, denn die Forderungen von in Deutschland ansässigen Wirtschaftsteilnehmern an das Ausland haben um eine Million Euro zugenommen (Kapitalexporte sind Nettozunahmen von Forderungen an das Ausland). Aber trotzdem hat sich kein einziger Euro über die Grenze bewegt.

Leicht irreführend ist auch das Wort Bilanz, denn eine Bilanz ist eigentlich eine Aufstellung von Werten zu einem Stichtag. Die Zahlungsbilanz misst aber die jährlichen *Veränderungen* von Forderungen und Verbindlichkeiten. Diese jährlichen Veränderungen von Forderungen und Verbindlichkeiten dem Ausland gegenüber gestalteten sich für Wirtschaftsteilnehmer in Deutschland im Jahr 2012 wie folgt:

Deutsche Zahlungsbilanz 2012 (Milliarden Euro)

Güter-Importe: 909,1	Güter-Exporte: 1097,4
Dienstleistungsimporte: 210,0	Dienstleistungsexporte: 256,6
Kapitalexporte: 396,0	Kapitalimporte: 161,1

Die erste Zeile allein heißt auch Handelsbilanz, die ersten beiden Zeilen addiert heißen Leistungsbilanz, und die dritte Zeile allein heißt Kapitalbilanz.

An diesen Bilanzen sind mehrere Dinge bemerkenswert. Einmal addieren sich die linken und die rechten Seiten zu exakt der gleichen Summe, nämlich 1515,1 Milliarden Euro. Das muss per Konstruktion so sein, jede Buchung auf einem der Konten erzeugt eine betragsmäßig gleich große auf einem der anderen. Jeder Überschuss an Exporten von Gütern und Dienstleistungen schlägt sich z. B. logisch notwendigerweise in einem exakt gleich hohen Zuwachs an Forderungen gegenüber ausländischen Wirtschaftsteilnehmern nieder. Genauso wie auf einem Markt die Summe aller Einnahmen der Käufer der Summe aller Ausgaben der Verkäufer entspricht, stimmt auch die Summe der Kapitalimporte und Güter- und Dienstleistungsexporte eines Landes auf der einen Seite immer mit der Summe seiner Kapitalexporte und Güter- und Dienstleistungsimporte auf der anderen Seite überein.

Zweitens sind fast schon gewohnheitsmäßig die deutschen Warenexporte höher als die Warenimporte, im Jahr 2012 um fast 200 Milliarden Euro. Darauf sind nicht wenige Deutsche ganz gewaltig stolz. Aber warum eigentlich? Denn zusammen mit einem weiteren Überschuss bei den Dienstleistungen folgt daraus ein Netto-Kapitalexport von mehr als 230 Milliarden Euro, um so viel haben die deutschen Forderungen an das Ausland im Jahr 2012 zugenommen. Und diese Forderungen stehen auf zum Teil recht wackeligen Füßen. Und in dem Umfang, wie sie später einmal wertlos werden – und viele davon werden später einmal wertlos werden – hätten wir unsere Exporte dem Ausland sozusagen geschenkt. Summa summarum haben in Deutschland tätige Wirtschaftsteilnehmer im Lauf der Jahre so Nettoforderungen an das Ausland von weit mehr als einer Billion Euro angehäuft. Und dieses Geld ist möglicherweise eines Tage, wenn wir es brauchen, nicht mehr da.

Und drittens sind auch die reinen Zahlen alles andere als einfach zu erheben und oft nur unter Schmerzen konkreten Konten zuzuordnen. Ein deutscher Spediteur transportiert tausend Tonnen Weizen vom Hamburger Hafen nach

Wien. Bis vor kurzem war das ein Export von Dienstleitungen. Aber seit der letzten Umstellung des zuständigen Handbuchs ist das Aufladen in Hamburg ein Import und das Abladen in Wien ein Export. Oder der VW-Konzern baut ein neues Werk in Spanien. Sind die nach Spanien überwiesenen Baukosten ein Import von Dienstleistungen oder ein Export von Kapital? (vor der Handbuchumstellung das erste, dann das zweite). Hier finden Liebhaber des statistischen Adäquationsproblems ein weites Betätigungsfeld.

Zensierte Daten

Wie lange lebt eine Schildkröte im Durchschnitt? Im Zoo sind drei Schildkröten, alle aus demselben Jahr. Eine stirbt mit 30 Jahren, die zweite mit 40, dann wird die Untersuchung abgebrochen. Weiß man jetzt, wie alt eine Schildkröte im Durchschnitt wird?

Leider nein. Einmal sind natürlich drei Schildkröten viel zu wenig, die Stichprobe ist zu klein. Und zusätzlich zu diesem Stichprobenfehler tritt hier noch das Problem der Datenzensierung auf. Konkret: Diese Daten sind rechtszensiert, am rechten Rand der Zeitachse liegen noch nicht alle Daten vor. Dieses Problem ist verwandt mit dem der fehlenden Daten (siehe den zuständigen Stichwortartikel), aber nicht das gleiche. Fehlende Daten heißt: von der dritten Schildkröte wissen wir gar nichts. Bei Zensierung wissen wir: sie wird mindestens 40 Jahre alt. Das ist immerhin etwas.

Vor allem in epidemiologischen Beobachtungsstudien, wo man das Schicksal von Patienten nach bestimmten Risikoexpositionen oder medizinischen Eingriffen verfolgt, ist diese Rechtszensierung ein großes Problem. Irgendwann ist eine Studie abzuschließen, und oft ist bis dahin das letztendliche Schicksal vieler Patienten noch nicht bekannt. Auch bei anderen Arten von sogenannten Verlaufsdaten (siehe entsprechendes Stichwort) tritt Rechtszensierung störend auf. Wie lange braucht man für das Absolvieren eines neuen Studiengangs? Acht Semester nach Einführung zieht die Unileitung Bilanz und meldet erfreut: nach 6,3 Semestern sind die Studenten im Durchschnitt fertig (so vielfach geschehen nach der Einführung neuer Bachelor-Studiengänge in der Bundesrepublik). In aller Regel unberücksichtigt bei solchen Erfolgsmeldungen bleiben die Studierenden, die noch *nicht* fertig sind. Würde man auch deren Examen abwarten, würden sich dergleichen Erfolgsmeldungen als das herausstellen, was sie tatsächlich sind: überoptimistische Erfolgstrompeterei.

Bei einer Rechtszensierung sind *große* Werte der interessierenden Variablen nicht bekannt. Das Gegenteil ist die Linkszensierung, hier sind kleine Werte nicht bekannt. Die wichtigste Anwendung in der Praxis sind Schadstoffmessungen, hier fehlen die konkreten Werte unterhalb der Nachweisgrenze. In der Praxis ersetzt man sie dann oft durch die Hälfte der Nachweisgrenze, aber das ist nur ein Notbehelf.

Zeitreihen

Eine Zeitreihe ist eine Folge zeitlich sortierter Werte von Variablen wie Arbeitslosenquote, Sozialprodukt oder Blutdruck eines Patienten auf der Intensivstation. Diese Werte werden in konstanten Abständen gemessen, bei den Arbeitslosenquoten jeden Monat, beim Sozialprodukt jedes Quartal und beim Blutdruck des Intensivpatienten jede Sekunde. Keine Zeitreihe, trotz zeitlicher Sortierung der Beobachtungen, ist deshalb die folgende Tabelle:

Die zehn größten Flugzeugkatastrophen

3.4.1974	346	Paris
27.3.1977	583	Teneriffa
25.5.1979	273	Chicago
19.8.1980	301	Riad
23.6.1985	329	Atlantik
12.8.1985	520	Berg in Japan
3.7.1988	290	Teheran-Dubai
8.1.1996	349	Kinshasa
12.11.1996	349	Chakri Dadri
17.7.2014	298	Ukraine

Das sind die bisher zehn größten Flugzeugunglücke mit der Zahl der getöteten Passagiere und Besatzungsmitglieder. Aber diese Desaster geschehen nicht in konstanten Zeitabständen, sondern sind irregulär über die Zeit verteilt (und sind zum Glück seit mehr als 20 Jahren eher selten).

Zeitreihen im Sinn der Statistik haben einen Takt. Sie zerfallen in stationäre und nichtstationäre Zeitreihen. Stationäre Zeitreihen erkennt man grob gesagt daran, dass die Mittelwerte und die Abhängigkeitsstruktur zwischen benachbarten Werten sich beim Rauf- und Runterwandern entlang der Zeitreihe nicht verändern. Welchen Abschnitt man auch herausgreift – einer sieht aus wie der andere. Das ist im wahren Leben eher die Ausnahme.

Die meisten Zeitreihen aus statistischen Anwendungen sind zunächst einmal nicht stationär. Etwa der deutsche Aktienindex DAX. Im Stichwortartikel „DAX" sieht man ein Bild – ein langfristiger Aufwärtstrend, immer mal wieder durch Einbrüche gebremst. Aber die Wachstumsraten sind tatsächlich stationär. Ähnlich werden auch in anderen Kontexten die vorhandenen Zeitreihen erst nach einer geeigneter Behandlung – Elimination von Trend und Saisonkomponenten, Wachstumsraten statt Originaldaten usw. – stationär. Dieser Status ist deshalb so begehrt, weil zur Analyse stationärer Zeitreihen ein großer statistischer Werkzeugkasten existiert.

Zipfsches Gesetz

Das Zipfsche Gesetz wurde von vielen Personen unabhängig voneinander entdeckt. Einer davon war der amerikanische Sprachforscher und Harvard-Professor George Kingsley Zipf (1902–1950). Zipf hatte durch einfaches Auszählen verschiedener Texte ein seltsames Gesetz gefunden (von Hand, lange bevor dieses Auszählen durch moderne Rechner zu einem Kinderspiel geworden ist). Nämlich dass das in einem Text am häufigsten vorkommende Wort doppelt so oft vorkommt wie das zweithäufigste. Und dreimal so oft wie das dritthäufigste. Und viermal so oft wie das vierthäufigste. Usw.

Wer es nicht glaubt: Nehmen Sie die Bibel, oder das Bürgerlicher Gesetzbuch, oder das Parteiprogramm der SPD, und zählen Sie selbst.

Wie so oft, wenn solche empirischen Regelmäßigkeiten entdeckt werden, tauchen diese auf einmal an allen möglichen Ecken und Enden auf. Schon 50 Jahre vor Zipf hatte der italienische Ökonom und Soziologe Vilfredo Pareto entdeckt, dass in vielen Gemeinwesen der reichste Mann doppelt soviel Geld besitzt wie der zweitreichste, dreimal soviel wie der drittreichste, viermal soviel wie der viertreichste usw. Die am weitesten verbreitete Sprache der Erde (Chinesisch) hat doppelt so viele Muttersprachler wie die zweithäufigste (Hindi), dreimal so viel wie die dritthäufigste (Englisch), viermal soviel wie die vierthäufigste (Spanisch), fünfmal so viel wie die fünfthäufigste (Arabisch) usw. Natürlich nicht exakt, aber die Regelmäßigkeiten sind doch so verblüffend, dass man ins Nachdenken gerät. Oder nehmen wir die größten deutschen Städte. Wie die Tabelle der zehn größten deutschen Städte auf der nächsten Seite zeigt (Stand 2013), hat die größte (Berlin) rund doppelt so viele Einwohner wie die zweitgrößte (Hamburg), dreimal so viel wie die drittgrößte (München), viermal so viel wie die viertgrößte (Köln) und fünfmal so viel wie die fünftgrößte (Frankfurt). Dann allerdings gerät das System etwas durcheinander.

Formal gesehen haben wir hier eine Gleichung

$$\text{Rang} \cdot \text{Größe} = \text{Konstante}.$$

Die größten deutschen Städte

Stadt	Einwohner
Berlin	3.375.000
Hamburg	1.734.000
München	1.388.000
Köln	1.024.000
Frankfurt	667.000
Stuttgart	598.000
Düsseldorf	594.000
Dortmund	572.000
Essen	567.000
Bremen	546.000

Diese Gleichung gilt natürlich nie exakt, nur ungefähr. Berlin hat nicht genau doppelt so viele Einwohner wie Hamburg und nicht dreimal so viele Einwohner wie München, sondern jeweils mehrere Tausend weniger. Aber im großen und ganzen landet man nach der Multiplikation von Rang mit Einwohnerzahl überraschend oft in der Nähe von 3 1/2 Millionen.

Es gibt viele Erklärungen für das Zipfsche Gesetz. Wie etwa der amerikanische Wirtschafts-Nobelpreisträger Herbert Simon nachgewiesen hat, muss sich eine solche Verteilung in „natürlich" wachsenden Systemen, in denen die Wachstumsrate nicht von der Größe einer Einheit abhängt, quasi von allein ergeben. Und so ist auch die größte Stadt der USA (New York) etwa doppelt so groß wie die zweitgrößte (Los Angeles), dreimal so groß wie die drittgrößte (Chicago), viermal so groß wie die viertgrößte (Houston), fünfmal so große wie die fünftgrößte (Philadelphia) usw. Aber die größte Stadt Englands oder Österreichs ist keineswegs doppelt so groß wie die zweitgrößte, dreimal so groß wie die drittgrößte usw. Denn das heutige England oder das heutige Österreich sind als Reste ehemaliger Kolonial- bzw. Vielvölkerstaaten keine „organisch" gewachsenen Gebilde. Nimmt man aber zu Österreich noch Ungarn, Tschechien und die Slowakei, oder zu England noch Indien und Kanada dazu, tritt das Gesetz von Zipf wieder in Kraft: Wien ist doppelt so groß wie Budapest und dreimal so groß wie Prag, und eine ähnliche Beziehung ist auch zwischen London, Kalkutta, Toronto, Bombay und den anderen Städten des ehemaligen britischen Empires zumindest ansatzweise nachzuweisen.

Zufall

Das Wort Zufall ist im Deutschen doppelt belegt. In der Statistik meint man damit den Mechanismus, der zufällige Ereignisse erzeugt. Ich werfe eine Münze, und der Zufall bestimmt, was oben liegt. Ehepaar Müller bekommt Nachwuchs, und der Zufall bestimmt, ob Tochter oder Sohn. Ein Atomkern zerfällt und der Zufall sagt, wann das geschieht. Das Ergebnis eines derartigen Zufallsexperimentes ist im Voraus unbekannt, aber im Nachhinein lassen sich dennoch zahlreiche Gesetze ableiten, am bekanntesten das Gesetz der Großen Zahl (siehe einschlägiges Stichwort).

Dann wieder meint man mit Zufall ein Ereignis, das, bevor es eintritt, äußerst unwahrscheinlich ist. Manche nennen das auch „Koinzidenzen". Das Sammeln solcher Koinzidenzen war die Leidenschaft des großen Schweizer Psychologen Carl Gustav Jung; in seinen Werken ist etwa folgende Episode nachzulesen: Eine Mutter aus dem Schwarzwald fotografiert ihren vierjährigen Sohn. Den Film bringt sie nach Straßburg zum Entwickeln, dann bricht der Erste Weltkrieg aus – sie holt den Film nicht ab. Zwei Jahre später kauft sie in Frankfurt einen neuen Film, um ihre inzwischen geborene Tochter aufzunehmen. Jedoch erweist sich der Film als doppelt belichtet, und auf der ersten Aufnahme ist niemand anderer zu sehen als ihr zwei Jahre zuvor fotografierter Sohn.

Angesichts solcher extrem unwahrscheinlicher Ereignisse kommt nicht nur C. G. Jung ins Grübeln. Da muss doch außer dem reinen Zufall noch etwas anderes dahinterstecken. Sie reden beim Frühstück über Ihren seit zehn Jahren verschollenen Onkel Willi. Da klingelt das Telefon, und wer ist dran – Onkel Willi. Der Kellner im Restaurant bringt Ihnen die Rechnung, und die Ziffern ergeben exakt die Anfangsziffern Ihrer Kontonummer bei der Bank. Und rückwärts gelesen vielleicht auch noch die Telefonnummer ihres Schwiegersohnes in Paris. Jeder Mensch hat einen gewissen Vorrat an solchen Anekdoten, und erzählt die gern mit großem Erstaunen weiter. Und meist nicht, ohne der Vermutung Raum zu geben, hier hätte vielleicht ein höheres Wesen seine Hand im Spiel.

Alternativ werden oft auch unheilige Verursacher gesucht. So wie bei der Auslosung des Achtelfinals der Uefa-Champions-League im schweizerischen Nyons am 21. Dezember 2012. Wie immer bei solchen Anlässen führt die Uefa einen Tag vorher einige Probeläufe durch. Das Foto zeigt das Ergebnis eines Probelaufs.

Diese Paarungen wurden bei der Probeziehung für die Achtelfinal-Auslosung der UEFA Champions League am 21. Dezember 2012 gezogen

Einen Tag später findet dann die offizielle Ziehung statt, und die Fußballfreunde unter den Lesern kennen das Ergebnis: Es ist exakt das gleiche wie im Probelauf. Und wie nicht anders zu erwarten, hatte die Uefa daraufhin mit heftigen Vorwürfen von Betrug und Manipulation zu kämpfen. Denn so etwas kann durch Zufall nicht passieren, so das Argument, vermutlich hatten die deutschen Vereine die Uefa bestochen, um leichte Gegner zu erhalten.

Dieser Verdacht auf Betrug und Manipulation ist eine natürliche Konsequenz unserer genetisch programmierten Weigerung, dergleichen Vorfälle als natürlich anzusehen. Die Spezies Homo Sapiens liebt Ordnung und System, Chaos und Durcheinander sind ihr verhasst. Der Mensch ist ein Sinn-Sucher, und eben darum, weil er den Dingen auf den Grund geht und anders als der Orang-Utan kausale

Zusammenhänge zu erkennen in der Lage ist, leben wir in Häusern und der Orang-Utan immer noch im Wald.

Aber wie jede andere genetisch wertvolle Veranlagung wird diese Sinn- und Ursachensucherei in gewissen Kontexten kontraproduktiv. Insbesondere haben viele Menschen die Tendenz, bei der Abwesenheit von deutlich erkennbaren Mustern in ihrer Umwelt sich künstlich welche hineinzudenken. So wie der chinesische Geheimdienst am 4. Juni 2102. Da fiel an der Börse in Schanghai der SSE Composite Index um 64,89 Punkte. In amerikanischer Schreibeise liest sich das als der 4. Juni 1989, der Tag des Tiananmen-Massakers in Peking. Der Eröffnungskurs an diesem Tag lag bei 2346,98. Das ergibt von hinten gelesen die gleiche Zahl, sowie die 23. Denn am 4. Juni 2012 war der 23. Jahrestag. Ganz offensichtlich, so die Logik der Geheimdienstleute, musste hier ein Börsenprofi an den Zahlen gedreht haben, um an das von den Machthabern verkrampft verdrängte Massaker zu erinnern.

Dass uns solche Übereinstimmungen immer wieder überraschen und zu allen möglichen Spekulationen Anlass geben, liegt vor allem daran, dass wir sie für viel unwahrscheinlicher halten, als sie wirklich sind. So wurde etwa am 21. Juni 1995 im deutschen Lotto „6 aus 49“ eine Kombination gezogen – es waren die Zahlen 15-25-27-30-42-48 –, die neun Jahre zuvor, am 20. Dezember 1986, bereits gezogen worden waren. Vielen Zeitungen war das eine Meldung wert. Das gleiche geschah einige Jahre später auch in Bulgarien und Israel, hier lagen die Ziehungen sogar nur wenige Wochen auseinander. Auch hier lieferte die staatliche Lottobehörde zweimal dieselben Zahlen, in beiden Fällen mussten sich die Behörden mit Manipulationsvorwürfen befassen.

Nun ist es in der Tat sehr unwahrscheinlich – die Chancen stehen 1:14 Millionen –, dass beim deutschen Lotto eine konkrete Zahlenkombination an einem konkreten anderen Ziehungstermin nochmals gezogen wird. Aber darauf kommt es hier doch gar nicht an. Viel wichtiger ist die Wahrscheinlichkeit, dass *irgendeine* der bis in die 90er Jahre rund 5500 Ziehungen im deutschen Samstags- und Mittwochslotto sich an einem der anderen Termine wiederholt. Diese Wahrscheinlichkeit ist größer als 50 %. Mit anderen Worten, dass ein solches Ereignis irgendwann einmal eintritt, ist wahrscheinlicher als das Gegenteil. Deshalb ist es auch alles andere als überraschend, dass die fünf Zahlen 17, 35, 39, 40 und 44, die im deutschen Samstagslotto am 28. September 2002 gezogen wurden, einen Tag später beim österreichischen Lotto „6 aus 45" nochmals gezogen worden sind. Nur die Zahlen 3 (Österreich) und 7 (Deutschland) unterschieden sich. Dass dies an einem ganz bestimmten Wochenende passiert, ist natürlich äußerst wahrscheinlich. Aber dass es *irgendwann* einmal passiert, ist fast mit Sicherheit zu erwarten.

Zufallszahlen

Man werfe einen Würfel öfters hintereinander. Das Ergebnis ist eine Folge von echten Zufallszahlen. Hier ist ein Beispiel:

134533111415642511522462315 11

215563352514462451462442363134

452133315151325622561416424461

346222624546664653312464542315

Das sind 120 Würfelergebnisse, aber nicht ausgewürfelt, sondern von meinem Rechner künstlich erzeugt. Deswegen heißen sie auch „Pseudozufallszahlen". Und das Schöne ist: Vermutlich kein Mensch und kein Maschinenprogramm dieser Erde kann sie von echten Zufallszahlen unterscheiden! So kommen zum Beispiel alle sechs Zahlen annähernd gleich oft vor. Das schafft man nötigenfalls auch noch von Hand. Aber Folgen von zwei oder drei oder gar vier identischen Zahlen kommen ebenfalls genauso oft vor wie bei echten Zufallszahlen, und das schafft kaum jemand mit Bleistift und Papier, an solchen Merkmalen erkennt der Experte, ob eine solche Folge nur ausgedacht oder wirklich ausgewürfelt ist. Und auch die mittlere Wartezeit von einer geworfenen sechs bis zur nächsten, wie auch jede andere Kenngröße, die man sich nur denken kann, entspricht in etwa dem, was bei wahrem Zufall zu erwarten wäre.

Das Erzeugen solcher Zufallszahlen, denen man nicht ansieht, dass sie keine echten Zufallszahlen sind, ist eine Kunst für sich. Es gibt verschiedene Algorithmen, der einfachste, der sogenannte „Lineare Kongruenzgenerator" funktioniert so: Man nehme irgendeine Zahl zwischen 0 und 1, multipliziere sie mit einer anderen (aber immer derselben), und addiere dazu noch eine weitere speziell ausgewählte Zahl. Dann sieht man nach, was nach dem Komma übrig bleibt. Mit dieser Zahl macht man dann weiter. Das Ergebnis sind zwischen 0 und 1 gleichverteilte Pseudo-Zufallsvariablen.

Anderes als echte Zufallszahlen sind Pseudozufallszahlen also ein deterministisches Konstrukt. Liegt eine vor, ist die nächste ebenfalls bestimmt, genauso die übernächste und alle weiteren. Dem Kenner des Algorithmus' liegt also die Zukunft offen vor Augen, wie ein aufgeschlagenes Buch.

Jetzt könnte man philosophisch werden und sagen: Auch für Gott im Himmel liegt die Zukunft offen, echte Zufallszahlen gibt es nicht. Und Atheisten könnten den französischen Mathematiker und Philosophen Pierre-Simon Laplace und seinen berühmten „Dämon" bemühen: Einem Wesen, das die aktuellen Zustände und Bewegungsgesetze sämtlicher Atome dieses Universums kennt, sei der Rest der Weltgeschichte heute ebenfalls bereits bekannt.

Sachverzeichnis

W. Krämer, *Statistik für alle*, DOI 10.1007/978-3-662-45031-4,
© Springer-Verlag Berlin Heidelberg 2015